Der aktuelle Buchshop im Internet: **www.dlg-verlag.de**

D1869803

Der aktuellen **Bestseller**

✔ *jetzt auch als Poster*

| ISBN | Euro |
|---|---|
| 3-7690-0593-7 | 4,90 |

## *Traktoren in Deutschland*

Immer größer, stärker und technisch anspruchsvoller werden die Traktoren. Was vor fünf Jahren noch zur Spitze zählte gehört heute schon zur Mittelklasse.

Die dritte Auflage, vollständig neu überarbeitet und auf 400 Seiten erweitert, trägt diesen dramatischen Veränderungen Rechnung. Gegliedert nach Firmen, würdigt das Buch die Leistungen der in Deutschland aktiven Traktorkonzerne.

| ISBN | Euro |
|---|---|
| 3-7690-0582-1 | 35,50 |

DLG VERLAG

*Jetzt bestellen!*

Antwort

**DLG-Verlag**
Vertrieb
Eschborner Landstraße 122

60498 Frankfurt am Main

**FAX**
**0 69/2 47 88-480**

**Tel**
**0 69/2 47 88-451**

| Anzahl | Buchtitel | Einzel-Preis | Gesamt-Preis |
|---|---|---|---|
| | *Buch »Traktoren in Deutschland«* | *35,50 €* | |
| | *Poster »Traktoren in Deutschland«* | *4,90 €* | |
| | | | |
| | | | |
| | | | |
| | | | |

**Absender**

Vorname, Name

E-Mail

Straße, Hausnummer

**Datum, Unterschrift**

PLZ / Ort

Klaus Herrmann

# Traktoren-Highlights

Die interessantesten Traktoren der letzten 50 Jahre

VERLAG

Bibliografische Information **Der Deutsche Bibliothek**

Die Deutsche Bibliothek verzeichnet diese Publikation in der Deutschen Nationalbibliografie; detaillierte bibliografische Daten sind im Internet über <http://ddb.de> abrufbar.



DLG-Verlags-GmbH, Eschborner Landstraße 122, 60489 Frankfurt am Main


Druck auf chlorfreiem Papier

Gestaltung und Layout: Ralph Stegmaier, Offenbach
Herstellung: Nina Eichberg, Frankfurt am Main

Bildnachweis: Alle Abbildungen aus dem Archiv des Autors

Stürtz AG, Würzburg
Printed in Germany

ISBN 3-7690-0618-6

**Vorwort**

Seit über 50 Jahren besteht der DLG-Verlag. Einem Seismographen gleich hat er über ein halbes Jahrhundert hinweg alle Veränderungen und Fortschritte der Landwirtschaft gewissenhaft in seine Publikationen aufgenommen und kritisch reflektiert. Nicht nur Erfreuliches fand da seinen Niederschlag, dafür ist bis in die jüngste Vergangenheit auf dem weiten Feld der Landwirtschaft zuviel geschehen, was noch der Erforschung harrt.

Unbestritten und außer jeder Kritik aber bleibt die Leistung der Landwirte. Mit ihrer Hände und Maschinen Arbeit haben sie über 50 Jahre hinweg hinreichende und gute Nahrung bereit gestellt und so maßgeblich zum sozialen Frieden beigetragen. Dass sie bei diesem Einsatz nicht nur auf sich gestellt waren, versteht sich. Ihre Maschinen und hier vor allem ihre Traktoren haben sich als großartige Helfer bei Bodenbearbeitung und Ernte, bei Saat und Düngung, erwiesen.

Ob als Kleinschlepper der 1950er Jahre oder als Ackergigant des Jahres 2001, stets war auf sie Verlass. Sicher, auch die Traktoren haben sich seit 1951 verändert. Sie sind größer, stärker, leistungsfähiger und selbstredend teurer geworden, ihre Funktion jedoch, die bäuerliche Arbeit zu erleichtern und zu verbessern, ist unverändert geblieben. Dieses Buch zeigt Highlights aus den letzten 50 Jahren Traktorengeschichte. Für jedes Jahr steht ein Traktor, der mal klein und mal groß, mal grundsolide und mal visionär geraten ist. Besonders aber sind sie alle, jeder hat seine eigene Form und seine eigene Geschichte. In ihnen spiegelt sich die Landwirtschaft im allgemeinen und die Agrartechnik im besonderen wider, die wie die Traktorenwelt allen Veränderungen zum Trotz nichts von ihrer Farbe und Faszination eingebüßt hat.

Der Dank des Autors gebührt vielen Informanten und Kollegen, zahlreichen Bauern und Oldtimer-Freunden, der eigenen Familie, die sich von der Traktorbegeisterung hat anstecken lassen und nicht zuletzt dem DLG-Verlag, der das eigene Jubiläum zum Anlaß genommen hat, Traktoren-Highlights der letzten 50 Jahre in ansprechender Form Revue passieren zu lassen.

Stuttgart-Hohenheim, im November 2001
Dr. Klaus Herrmann

**Dr. Klaus Herrmann**

Geboren 1947 in Koblenz, nach dem Studium der Wirtschaftswissenschaften an der Universität Köln ab 1975 Assistent an der RWTH Achen.
1979 Promotion zum Dr. oec. an der Universtät Hohenheim.
Seit 1988 Leiter des Deutschen Landwirtschaftsmuseums.
Autor zahlreicher agrarhistorischer Fachbücher und Schriftleiter der »Zeitschrift für Agrargeschichte und Agrarsoziologie« (ZAA).

Inhalt

# 1951–1960

# Traktorenboom

Selten hat es auf dem Traktorenmarkt so „gebrummt" wie in den 1950er Jahren! Überall, wo man es mit Traktoren zu tun hatte, war Aufbruchstimmung zu spüren. Sie hatte Ingenieurbüros und Herstellerwerke, Händler und Werkstätten, vor allem aber Landwirte jeder Kategorie erfaßt. Zusammen hatten sie erkannt, dass es in Zukunft ohne Traktoren nicht mehr würde gehen können. Vorbei waren die Zeiten, da es geheißen hatte: „Der Traktor stinkt und raucht, und geht niemals, wenn man ihn braucht."

Unvergessen war der Härtetest der Kriegs- und Nachkriegsjahre. Als fast nichts mehr ging, hatten sich die Schlepper achtbar geschlagen und neue Qualitäten zu erkennen gegeben. Aus störungsanfälligen „Spitzenbrechern" waren robuste, rund um die Uhr einsetzbare Zugmaschinen geworden, die gegenüber dem tierischen Vorspann den großen Vorteil hatten, Kosten nur dann zu verursachen, wenn sie tatsächlich eingesetzt wurden. Auch Arbeitserleichterung war unübersehbar mit dem Schleppereinsatz verbunden. Der Unterschied, ob die Ernte mit Traktor und Anhänger oder mit Ochsengespann und Leiterwagen eingebracht wurde, bedurfte keiner Erklärung.

Dennoch war der Wunsch der Landwirte, möglichst alles über die neuen Traktoren persönlich in Erfahrung zu bringen, gewaltig. Zu Hunderttausenden strömten sie auf die DLG-Ausstellungen in Hamburg, München oder Köln, um sich über Trends und Neuheiten zu informieren. Enttäuscht wurden sie nicht, denn der Reichtum an guten Ideen und Konstruktionen war in den 1950er Jahren überbordend. Da standen der Unimog oder aus einstigen Militärfahrzeugen hervorgegangene Vierradschlepper mit so klangvollen Namen wie Stier und Urus neben unkonventionellen Geräteträgern, von denen der Lanz Alldog und die Ruhrstahl Landbaumaschine vielleicht die populärsten waren. Ihre Stärken wie Vielseitigkeit und Einmann-Betrieb machten sie zu ernsthaften Konkurrenten für den Standardtraktor, der in aller Regel über Hinterachsantrieb, kleine Vorder- und große Hinterräder verfügte, ansonsten aber durch die Hinzufügung von Zapfwelle und die auf den irischen Konstrukteur Harry Ferguson zurückgehende Dreipunktaufhängung beträchtlich an Verwendungsbreite gewonnen hatte.

Auch was die Motoren der Traktoren betraf, so gab es keine Langeweile. Unterschiedlichste Anbieter hatten eine beinahe unübersehbare Vielzahl von Modellen im Programm, die nach dem Zwei- oder Viertaktverfahren arbeiteten, über einen, zwei oder vier Zylinder verfügten, luft- oder wassergekühlt waren, mit Glühkerze oder elektrischem Anlasser gestartet wurden. Fast alles war möglich und den Konstrukteuren kam es gerade recht, suchten sie doch nach unkonventionellen Lösungen. Dies traf ebenso für die Getriebe zu. Auch wenn hier die Zahl der Anbieter kleiner war als bei den Motoren, so reichte die Spannweite der auf den Markt gebrachten Schleppertriebwerke doch vom 3-Gang-Getriebe mit einem Rückwärtsgang bis zum anspruchsvollen 10-Gang-Getriebe mit zwei Rückwärtsgängen.

Die Bauern hatten die Auswahl und zeigten sich alles andere als kleinlich. 1955 hätten sie mit ihren Bestellungen um ein Haar die magische Zahl von 100 000 übersprungen, doch auch so bedeuten die 99 341 in einem einzigen Jahr erstzugelassenen Zugmaschinen einen Rekord, der Bestand haben wird. Sicher haben im Laufe des Jahrzehnts die Präferenzen von Traktorenmarke zu Traktorenmarke und von Schleppertyp zu Schleppertyp gewechselt, doch im großen und ganzen waren es die Traktoren von Deutz, Fendt, Hanomag, International Harvester und Porsche Diesel, die während des Jahrzehnts auf den vorderen Rängen lagen. Ausländische Hersteller taten sich dagegen schwer, bei den deutschen Landwirten Fuß zu fassen. John Deere, Ferguson und Ford hatten noch den größten Erfolg, ohne deshalb in den Kreis der erfolgreichsten Anbieter auf dem deutschen Traktorenmarkt vorstoßen zu können.

## 1951
# Unimog

*Auf zahllosen Probefahrten testeten Unimog-Mitarbeiter ihr Fahrzeug auf Praxistauglichkeit.*

## Tausendsassa im Zeichen von Ochsenkopf und Stern

| Technische Daten | Unimog |
|---|---|
| Produktions-zeitraum | 1951–1956 (bis heute) |
| Motorleistung | 25 PS |
| Zylinder | 4 |
| Takt | 4 |
| Drehzahl | 2350 U/min |
| Gänge | 6/2 |
| Gewicht | 1680 kg |

*Fahrgestell des 1951 bei Daimler-Benz in Gaggenau in Serie gegangenen Unimog.*

Am 3. Juni 1951 erfolgte die Auslieferung des ersten bei Daimler-Benz in Gaggenau produzierten Unimog an den Kunden. Monate der Vorbereitung und Verkaufsförderung fanden damit den Abschluss. 300 Fahrzeuge monatlich lautete nun das Ziel für die im Murgtal unweit Rastatt gelegene Fahrzeugschmiede, die sich anfangs schwer genug tat, der Vorgabe zu entsprechen. Verwundern kann dies nicht. Denn ein Standardtraktor war der Unimog beileibe nicht. Seine „Erfinder", darunter der ehemalige Leiter der Daimler-Benz Flugmotorenentwicklung Dipl.-Ing. Albert Friedrich, hatten bei der Konstruktion des Fahrzeugs zwar vorrangig an die Landwirtschaft als Abnehmer gedacht, doch auch als Transport- und Straßenfahrzeug sollte der Unimog uneingeschränkte Verwendung finden. Mit Konstruktionsmerkmalen wie Allradantrieb, vier gleich großen oder besser gleich kleinen Rädern, kippbarer Ladepritsche, zwei Frontsitzen, mehreren Anbaumöglichkeiten für Ackergeräte sowie Vielganggetriebe für Fahrgeschwindigkeiten zwischen 3 und 50 km/h fiel das 1946 erstmals bei der Gold- und Silberwarenfabrik Erhard & Söhne in Schwäbisch Gmünd gebaute „UNIversalMOtorGerät" tatsächlich weit aus dem Rahmen des Üblichen. Die Akzeptanz jedoch war nur eine Frage der Zeit. Ob mit 25, 30, 82 oder zuletzt sogar 240 PS Leistung, immer überzeugte der Unimog durch sprichwörtlich gewordene Vielseitigkeit und Robustheit. Nur so erklärt es sich, dass das Unimog-Konzept auch nach über 50 Jahren und insgesamt gebauten mehr als 320 000 Fahrzeugen nichts an Aktualität eingebüßt hat.

*Kabine, Riemenscheibe und Ladepritsche machten den Unimog von Anbeginn unverwechselbar.*

*Auffahrt historischer Unimog vor dem Werkstor von Daimler-Benz in Gaggenau anläßlich des Jubiläums „50 Jahre Unimog aus Gaggenau" im Juni 2001.*

*Mit Anbaugeräten wie dem Maispflücker zeigte der Unimog seine wahren Stärken.*

## 1952

# Lanz Alldog

Über der Hinterachse des Alldog befand sich der luftgekühlte 1 Zyl.-2 Takt-Motor in unmittelbarer Nähe zum Fahrersitz montiert.

## Alleskönner mit schwachem Motor

| Technische Daten | Lanz Alldog |
|---|---|
| Produktions-zeitraum | 1951–1960 |
| Motorleistung | 12 PS |
| Zylinder | 1 |
| Takt | 2 |
| Drehzahl | 3000 U/min |
| Gänge | 6/2 |
| Gewicht | 980 kg |

Fast ein Jahrzehnt lang produzierte der legendär gewordene Bulldog-Hersteller Heinrich Lanz, Mannheim, Geräteträger mit der Bezeichnung „Alldog". Zwischen 12 und 18 PS leisteten die zum Einbau gelangenden Motoren, denen allerdings sämtlich nachgesagt wurde, sie seien für die von einem Geräteträger erwarteten vielseitigen Aufgaben zu schwach gewesen. Auch erwies sich der Einsatz von 2-Takt-Motoren für den Verkaufserfolg des Alldog nicht unbedingt als förderlich. Bauern sprachen unter Anspielung auf das Alldog-Motorengeräusch gelegentlich vom „Knall-dog", womit sie jedoch dem auf Professor Dr.-Ing. Wilhelm Knolle zurückgehenden revolutionären Fahrzeugkonzept nicht gerecht wurden. Rohrrahmen mit lenkbar angebrachten Vorderrädern, auf der Hinterachse aufmontierten Motor, Getriebe, Lenkung, Tank und Sitz, Pritsche mit Ladekapazität von bis zu 0,75 Tonnen Tragkraft, vier Anbauräumen für Arbeitsgeräte, die zudem vom Fahrersitz aus hydraulisch zu betätigen waren, waren nur einige der von zahlreichen Landwirten bestaunten Alldog-Merkmale. Insgesamt bildeten sie die Voraussetzung für die beim Alldog gegebene Möglichkeit, das Fahrzeug mit wenigen Handgriffen vom Transporter zum Schlepper, vom Kartoffelroder zum Rübenernter, vom Düngerstreuer zum Motorpflug umzurüsten. Ein ganzes Programm an passenden, von den verschiedensten Landmaschinenherstellern eigens auf den Alldog ausgerichteten Arbeitsgeräten stand dafür zur Verfügung und ließ den Alldog zu einem Vorreiter des bis in die Gegenwart aktuell gebliebenen Systemschleppers werden.

*Lanz-Alldog mit Düngerstreuer, Drillmaschine und Egge.*

Im Zwischenachsaufbau trug der Alldog auf seinen beiden Holmen die Drillmaschine, über die der Fahrer von seinem Sitz aus eine hervorragende Sicht besaß.

Mit der kleinen, aber kippbaren Pritsche wurde der Alldog für zahlreiche Bauern zu einem wichtigen Helfer bei den täglichen Transportarbeiten.

„Lanz-Alldog meistert jede Arbeit" hieß es vollmundig in frühen Alldog-Prospekten.

## 1953

# Ferguson TE

## "Little grey Fergie"

| Technische Daten | Ferguson TE |
|---|---|
| Produktions-zeitraum | 1949–1957 |
| Motorleistung | 27 PS |
| Zylinder | 4 |
| Takt | 4 |
| Drehzahl | – |
| Gänge | 4/1 |
| Gewicht | 1225 kg |

In britischer Kriegsgefangenschaft hatten deutsche Bauern erstmals jene mausgrauen Ferguson-Traktoren kennengelernt, die später als „little grey Fergie" in die Traktorengeschichte eingegangen sind. Ihre technischen Merkmale waren, zumindest auf den ersten Blick, wenig auffallend: Vierzylinder-Benzin- oder Dieselmotor, Vierganggetriebe und Hinterradantrieb entsprachen weitgehend dem Standard. Beim zweiten, auf die Fahrzeugausstattung gerichteten Blick jedoch offenbarte der Ferguson Schlepper seine Besonderheiten. Hier passte einfach alles zusammen: Vom hydraulischen Kraftheber bis zur Dreipunktaufhängung, von der Zapfwelle bis zur höhenverstellbaren Zugstange, von der Lenkung bis zur Spurweitenverstellung, von der Batteriezündung bis zum Sicherheitsanlasser mit dem Gangschalthebel. Nichts war beliebig oder zufällig, alles war auf den Arbeitseinsatz vor Pflug, Egge oder Ackerwagen ausgerichtet. Hinter allem verbarg sich Methode, für die der irische Konstrukteur Harry Ferguson (1884–1960) stand. Über Jahrzehnte hinweg hatte er zuvor erfolgreich mit Henry Ford in der Traktorenentwicklung und im Landmaschinenbau zusammengearbeitet, ehe es 1946 zu einem spektakulären Bruch kam. In einem langwierigen Streit um Patente obsiegte Harry Ferguson und baute fortan seine TE-Traktoren, bei denen das T für Traktor und E für Europa stand, Charakteristisch für sie aber wurde letztlich eine bis dahin nicht erreichte Güte der Kombination von Schlepper und Arbeitsgerät. Sie brachte die Ferguson-Traktoren 1953 als erste im Ausland produzierten Ackerschlepper in die Liste der 20 meist neu zugelassenen Traktoren in Deutschland.

*Ferguson-Traktor mit 2-Schar-Ferguson-Anbaupflug.*

Die meisten der insgesamt produzierten 517 651 Ferguson Traktoren der Baureihe TE stammten aus dem britischen Coventry.

Der Ferguson TE-D Traktor mit 2-Schar-Ferguson-Anbau-Beetpflug verkörperte zu Beginn der 1950er Jahre absolute Spitzentechnik.

Könner brachten es mit dem Ferguson-Gespann auf beachtliche Pflugleistungen. Die Möglichkeit der einwandfreien Gerätesteuerung vom Schleppersitz aus ersparte Zeit und körperliche Anstrengung.

Deutz-Raupenschlepper in der Ackerversion vor einem Anhängepflug der dreißiger Jahre.

## 1954

# Deutz Ackerraupe F4L 514

## Kraft und Bodenschonung pur

| Technische Daten | Deutz Ackerraupe F4L 514 |
|---|---|
| Produktions-zeitraum | 1953–1959 |
| Motorleistung | 60 PS |
| Zylinder | 4 |
| Takt | 4 |
| Drehzahl | 1650 U/min |
| Gänge | 5/3 |
| Gewicht | 5575 kg |

Der Deutz Dieselmotor F4L 514 gab der Ackerraupe ihre beinahe unverwüstliche Kraft.

Nach Gründen für den Einsatz von Raupenschleppern in der Landwirtschaft muss nicht lange gesucht werden. Bodenschonung spielt dabei ebenso eine herausragende Rolle wie optimale Umsetzung der Motorleistung in Zugkraft. Tatsächlich wird bei Ackerraupen das Gesamtgewicht in einzigartiger Weise zur Bodenhaftung des Antriebs ausgenutzt, während es über die Gleisketten gleichzeitig auf eine große Auflagefläche verteilt wird. Raupenschlepper sind daher weitestgehend gegen ein Einsinken in weichem Boden gefeit, während andererseits Bodenunebenheiten über die Gleisketten aufgefangen werden. Der Kölner Traktorenhersteller Klöckner-Humbodt-Deutz (KHD) entwickelte zu Beginn der 1950er Jahre zur Wahrnehmung dieser schon seit den 1920er Jahren bekannten Vorzüge Diesel-Raupenschlepper in Halbrahmen-Bauart. Der nach Deutz-Tradition luftgekühlte Reihenmotor wurde von einem Rahmen getragen, den die Konstrukteure mit dem am hinteren Ende angeordneten Lenkkupplungsgehäuse verbunden hatten. Vorn am Raupenschlepper befand sich quer unter dem Motor eine pendelnde Blattfeder angebaut. Zusammen mit den gleichfalls pendelnden Laufradkästen bewirkte sie ein stoßfreies Fahren. Gelenkt wurde die Deutz-Ackerraupe über zwei, durch Handhebel ein- und aussetzbare Lenkkupplungen, die ein Drehen auf der Stelle ermöglichten. Jede der beiden Kette besaß 35 Glieder, die je nach Wunsch zwischen 350 mm und 600 mm breit sein konnten. Deutz Ackerraupen wurden bis zum Jahre 1974 produziert und besaßen in der Version als Großraupen bis zu 210 PS Leistung.

*Deutz-Ackerraupe bei der Bodenbearbeitung. Prospekt der 1950er Jahre.*

*Deutz-Ackerraupe von Gut Monrepos bei Ludwigsburg. Über Jahrzehnte erwies sie sich vor allem im Pflugeinsatz auf den schweren Lößlehmboden als unschlagbar.*

*Nach getaner Arbeit rollte die Deutz-Raupe rasselnd von den Feldern des Hohenheimer Meiereihofs.*

1955

# Ursus C 45

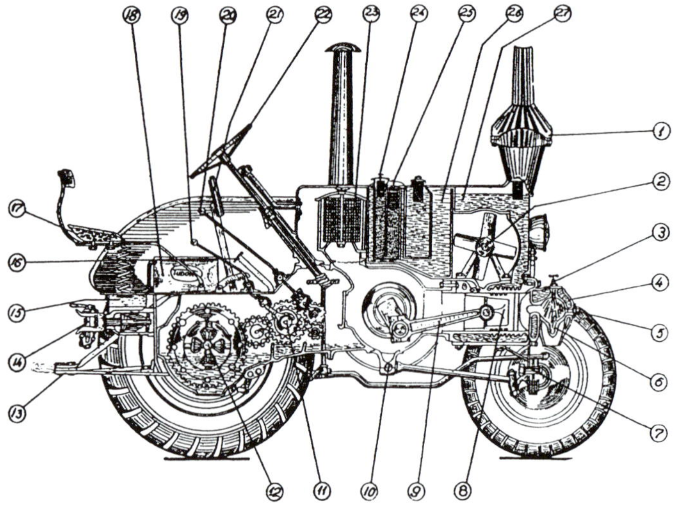

*Ursus C 45 Traktor um 1955.*

## Der einzige Bär mit Glühkopf

| Technische Daten | Ursus C 45 |
|---|---|
| Produktions-zeitraum | 1946–1957 |
| Motorleistung | 45 PS |
| Zylinder | 1 |
| Takt | 2 |
| Drehzahl | 630 U/min |
| Gänge | 3/1 |
| Gewicht | 3600 kg |

Erste Ursus-Glühkopf-Traktoren wurden 1946 produziert. Zum Teil fanden in ihnen noch Original-Lanz-Bulldog-Bauteile Verwendung, die nach dem Krieg über die einstige Breslauer Lanz-Vertretung in den Besitz des Warschauer Ursus-Werks gelangt waren. Die Robustheit des Glühkopfschleppers gab den Ausschlag für die Fortführung der Produktion des Traktors, der sich von wenigen Äußerlichkeiten abgesehen kaum von der Bulldog-Vorgabe unterschied. In Zeiten des Kalten Kriegs fanden Lizenzvereinbarungen mit Lanz nicht statt, was jedoch nicht weiter als belastend empfunden wurde, da Ursus den C 45 nahezu ausschließlich an Betriebe in Polen vertrieb. Die bereits im Jahre 1893 als Hersteller von Armaturen gegründete Schlepperfabrik Ursus startete 1946 mit einer Jahresproduktion von 33 C 45 Traktoren und brachte es 1956 auf rund 6000 Maschinen, die zwar im Detail weiterentwickelt worden waren, bei denen jedoch das Prinzip des großvolumigen, langsam laufenden 1 Zyl.-2 Takt Glühkopfmotors unverändert beibehalten worden war. Nach der politischen Wende von 1989/90 erfreuten sich die C 45 Traktoren in Westeuropa einer zuvor nicht gekannten Beliebtheit. Als Ersatzteilträger für Lanz Bulldogs kamen und kommen sie ebenso in Betracht wie als Ganztraktoren.

*Mit einer Briefmarke würdigte die polnische Post den Einsatz der Ursus-Glühkopf-Traktoren bei der Bekämpfung des Hungers.*

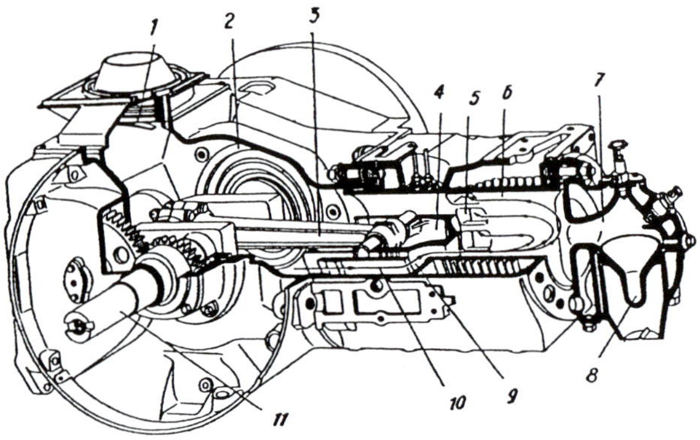

*Glühkopfmotor des Ursus C 45 um 1955.*

*Ursus Traktoren mussten in der Nachkriegszeit unter härtesten Bedingungen arbeiten. Entsprechend „abgeschafft" kamen sie ab 1989 in den Besitz von Sammlern.*

*In Form und Technik ähneln Ursus Traktoren den Lanz Bulldogs bis ins Detail. 45 PS Ursus-Glühkopfschlepper des Deutschen Landwirtschaftsmuseums bei der Vorbereitung zu einer Ausfahrt.*

*Für Kraft und Motorenklang beim Ursus Traktor sorgt ein 1 Zyl.-2 Takt-Motor mit gewaltigen 10 Litern Hubraum.*

## 1956

# Ruhrstahl Landbaumaschine

*Die eigenwillige Rahmenkonstruktion machte den Ruhrstahl-Geräteträger unverwechselbar.*

## Geräteträger mit einzigartiger Form

| **Technische Daten** | **Ruhrstahl Landbaumaschine** |
|---|---|
| Produktionszeitraum | 1951–1956 |
| Motorleistung | 20 PS |
| Zylinder | 2 |
| Takt | 4 |
| Drehzahl | 2000 U/min |
| Gänge | 4/4 |
| Gewicht | 1250 kg |

*Typenschild einer Ruhrstahl-Landbaumaschine.*

1956 wurden letztmals Ruhrstahl-Geräteträger produziert. Der Hersteller, das Annener Gussstahlwerk, wandte sich nach genau sechs Jahren der Schlepperherstellung wieder seiner eigentlichen Profession, der Stahlproduktion, zu. Dieser kurze Zeitraum hatte aber ausgereicht, um mit einer eigenständigen, auf Heinrich Hildenbrand zurückgehenden Konstruktion Furore zu machen. Grundgedanke des Fahrzeugs war die Möglichkeit der absoluten Einmannbedienung bei Schlepper und Geräten. Dazu gehörte unter anderem auch die Verwendung von Schnellkupplungen für Anbaugeräte, die so gehalten waren, dass eine Person mit Hilfe eines Stücks Eisen sämtliche Umbauten alleine durchführen konnte. Auch zeichnete eine leistungsstarke Hydraulik das Fahrzeug ebenso aus wie ein als umgedrehtes U gehaltener, zweiholmiger Rahmen. In ihn ließen sich Düngerstreuer und Sämaschine, Hacke und Egge einhängen, während für Transporte eine Ladepritsche verfügbar war. Ein 2-Zyl.-Henschel-Motor mit elektrischem Anlasser lieferte die Kraft, die über das von Rank zugelieferte Viergang-Getriebe in den Fahrgeschwindigkeiten 3, 5, 8, 3 und 16 km/h nutzbar gemacht wurde. Technisch bot der Ruhrstahl-Geräteträger 30 verschiedene Einsatzmöglichkeiten, die vom Pflügen bis zur Getreideernte reichten. Aber auch vom Preis her konnte sich das Fahrzeug sehen lassen. 19 000 DM sollte er zusammen mit Anbaugeräten kosten, was rund viermal so hoch war wie der Preis eines von der Motorleistung her vergleichbaren Standardtraktors.

Trotz der bescheidenen Motorleistung von 20 PS strahlte der mit Anbaugeräten kombinierte Ruhrstahl-Traktor Kraft und Leistung aus.

Mit einem Wittenburg-Frontlader wurde der Ruhrstahl-Geräteträger zu einem begehrten Helfer in der bäuerlichen Hofwirtschaft.

Ruhrstahl-Geräteträger erlebten im Zuge der Belebung des ökologischen Landbaus eine Renaissance.

1957

# RS 09

| Technische Daten | RS 09 |
|---|---|
| Produktions-zeitraum | 1956–1971 |
| Motorleistung | 18/25 PS |
| Zylinder | 2 |
| Takt | 4 |
| Drehzahl | 3000 U/min |
| Gänge | 8/8 |
| Gewicht | 980 kg |

*RS 09 Geräteträger in der Basisversion.*

## Lastenträger der LPG's

Der VEB Traktorenwerk Schönebeck besaß bereits seit Anfang der 1950er Jahre Erfahrung im Bau von Geräteträgern für die Landwirtschaft, als er 1957 die Serienproduktion des Modells RS 09 startete. Das von Egon Scheuch und Mitarbeitern konstruierte Fahrzeug bestand im wesentlichen aus den drei Baugruppen Triebachse, Längsträger und Vorderachse, die sowohl einen Zusammenbau als Geräteträger wie auch als Arbeitsmaschine zuließen. Als Triebsatz selbst diente ein über der Hinterachse montierter 18 PS leistender 2 Zyl.-4 Takt-Dieselmotor, der nach einer Lizenz des österreichischen Motorenherstellers Warchalowski gefertigt wurde. 1964 trat an seine Stelle ein etwas stärkerer 25 PS Motor der einheimischen Motorenfabrik Cunewalde. Für längere Rückwärtsfahrten konnten die teleskopähnliche Lenksäule, der Fahrersitz, das Lenkrad und die Bedienungselemente in wenigen Minuten umgerüstet werden. Einfach zu variieren war ferner der Radstand durch Verschiebung des Vorderachskonsols am Längsträger. Auch hier passte sich die Teleskoplenkung der Radstandsveränderung selbsttätig an. Dies alles kam der Vielseitigkeit des Fahrzeugs zugute, für das in den DDR-Landmaschinenfabriken zahlreiche Anbaugeräte entwickelt wurden. Ihre Palette reichte vom Anbaurübenheber über den sechsreihigen Köpfschlitten bis zu Kartoffellegemaschine und Anbau-Wechselpflug. Insgesamt verließen 121 075 Geräteträger die Schönebecker Werkshallen, die in der gesamten Ostblock-Landwirtschaft zum Einsatz gelangten.

*RS 09 im Einsatz als Hofschlepper auf der LPG in Möglin.*

*Mit Prospekten warb die DDR auch in Westdeutschland für den RS 09.*

*Hoch hinaus ging es mit dem Frontlader, der auf dem mächtigen Zentralholm verankert war.*

1958

# Fendt Farmer 1

*Fendt Farmer 1: Schriftzug*

| Technische Daten | Fendt Farmer 1 |
|---|---|
| Produktions-zeitraum | 1958–1961 |
| Motorleistung | 25 PS |
| Zylinder | 2 |
| Takt | 4 |
| Drehzahl | 2200 U/min |
| Gänge | 6/2 |
| Gewicht | 1485 kg |

*Beim Fendt Farmer 1 befanden sich die Frontleuchten in das Gehäuse integriert.*

## „ff"-Traktor mit Pfiff

Mit der „ff"-Baureihe löste der Marktoberdorfer Traktorenhersteller Fendt im Jahre 1958 die zum Teil noch in der Vorkriegszeit entwickelten Dieselross-Modelle ab. Dabei stand „ff" für die Schleppernamen Farmer, Fix und Favorit, die Traktoren mit unterschiedlicher Motorleistung und Ausstattung kennzeichneten. Das Modell Farmer 1 wiederum zielte auf die Besitzer mittelgroßer Betriebe ab, entsprechend ausgelegt war seine Dimensionierung. 25 PS lieferte der MWM-Dieselmotor, der je nach Wunsch in luft- wie wassergekühlter Version zum Einbau kam. Das Fendt-Eigenbau-Getriebe hatte 6 Vor- und 2 Rückwärtsgänge und ließ Geschwindigkeitsabstufungen zwischen 1,8 und 20,0 km/h zu. Die Tornado-Duplex-Kupplung gehörte ebenso wie die Getriebezapfwelle 540 U/min zur Standardausrüstung, während Motorzapfwelle und die Fendt-Dreipunkt-Hydraulik als Sonderwunsch angeboten wurden. Insgeamt 8456 Exemplare wurden vom Farmer 1 gebaut, dem bereits im Jahr 1960 das 34 PS starke Modell Farmer 2 zur Seite gestellt wurde. Der besondere Stellenwert der Farmer-Traktoren für die Geschichte der Firma Fendt zeigte sich unter anderem im Jahr 1961, als in einer Feierstunde der 100 000. Fendt Schlepper vom Band lief. Es handelte sich um ein Modell des Typs Farmer 2, der als „Goldener Fendt-Traktor" bis heute im Fendt-Museum zu besichtigen ist.

Bis auf Fritzmeier-Kabine und Umsturzbügel befindet sich der seit 40 Jahren im täglichen Einsatz stehende Farmer 1 noch im Originalzustand.

Fendt Farmer 1 vor dem Gebäude der Bundesforschungsanstalt für Ernährung in Stuttgart-Hohenheim.

Ganz verschwand beim Farmer 1 das Dieselross nicht. Auf der Haube fand es klein seinen Platz.

## 1959

# Eicher Kombi

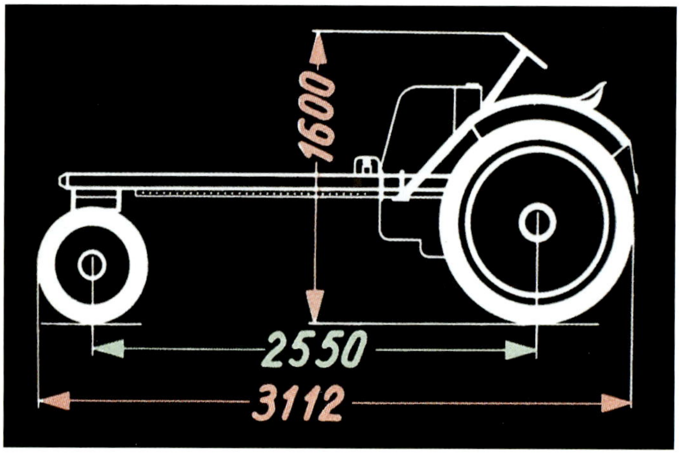


*Eicher Kombi, Skizze mit Maßangaben.*

## Keine Angst vor schwerer Arbeit

| Technische Daten | Eicher Kombi |
|---|---|
| Produktions-zeitraum | 1953–1970 |
| Motorleistung | 19 PS |
| Zylinder | 1 |
| Takt | 4 |
| Drehzahl | 1500 U/min |
| Gänge | 6/1 |
| Gewicht | 1525 kg |

Wenn ein Traktor fast zwei Jahrzehnte im Programm eines Herstellers bleibt, dann erfährt er eine intensive Produktpflege und Weiterentwicklung. Bei den Geräteträgern der bayerischen Schlepperfabrik Eicher war dies der Fall, starteten sie im Jahre 1953 die Reihe doch mit einem 15 PS Motor und beendeten sie 1970 mit 40 PS. Auch variierten die Kombi-Modelle nach Länge und Breite, nach Höhe, Radstand und Spurweite. Konsequenz zeigte man allerdings bei der Verwendung des Zwei-Holm-Prinzips und der Wahl der Motoren. Durchweg kamen luftgekühlte Eigenbaumotoren zum Einsatz. Dies war auch beim Modell G 19 der Fall, das letztmals im Jahr 1959 gebaut wurde, ehe es von dem geringfügig stärkeren Typ G 200 abgelöst wurde. Der Kombi G 19 erfreute sich nicht zuletzt deshalb bei den Landwirten beachtlicher Beliebtheit, da er stärker als andere Geräteträger motorisiert war. Wenn Traktoren tragen, ziehen, fahren und antreiben sollen, dann kommt es eben auf jedes PS an und da boten Eicher Kombi Geräteträger lange Zeit mehr als die meisten Konkurrenzprodukte. Auch was die Einsatzbreite anging, warteten die Eicher Kombi mit technischen Leckerbissen auf. Die Palette der auf den Kombi ausgerichteten Anbaugeräte reichte vom Düngerstreuer im Frontanbau über die Isaria-Drillmaschine im Zwischenachsaufbau bis hin zum Heck angebauten Eicher-Pflug. Für die Maisernte stand ein eigens entwickelter Mais-Häcksler, für die Kartoffelernte ein Vollernter und als Husraenstück für die Zuckerrübenernte ein Sammelköpfroder zur Verfügung.

*Eicher Kombi mit Geräten im Front-, Zwischenachs- und Heckenanbau.*

*Eicher Kombi in der Werbung.*

*Eicher Kombi in der 22 PS-Version mit Glas-Isaria-Drillmaschine „Super-Universal" im Zwischenachs-Anbau.*

*Viel hat man dem Eicher Kombi zugemutet. Im Einsatz als Rübenvollernter wurde er bis an seine Leistungsgrenzen belastet.*

*Ein lohnendes Unterfangen: Restaurierung eines Eicher Kombi Geräteträgers.*

1960

# Hanomag R 450

*Hanomag-Großschlepper durften auf keiner DLG-Ausstellung fehlen.*

## Nichts für kleine Gemüter

| Technische Daten | Hanomag R 450 |
|---|---|
| Produktions-zeitraum | 1958–1960 |
| Motorleistung | 50 PS |
| Zylinder | 4 |
| Takt | 4 |
| Drehzahl | 1300 |
| Gänge | 5/1 |
| Gewicht | 3220 kg |

1960 war für die Hanomag-Geschichte ein besonderes Jahr. Der Essener Montan-Konzern Rheinstahl übernahm den in eine wirtschaftliche Krise geratenen Hannoverschen Traktorenhersteller und ergänzte das über Jahrzehnte hinweg als Logo verwendete geflügelte „H" mit dem geschwungenen Rheinstahl-Bogen. Auch in der Modellpolitik setzten die neuen Eigner Zeichen. Von wenigen Ausnahmen in der obersten Leistungsklasse abgesehen wechselte man von der klar konturierten, nüchternen Form der Nachkriegsjahre zu geschwungener gehaltenen Modellen mit Namen wie Greif, Brillant und Robust, die sich in der Technik allerdings nur wenig von ihren Vorgängern unterschieden. Im Programm blieben – teilweise noch bis 1964 – die schweren Hanomag-Traktoren der Reihe R 450 und R 460, die sich nicht nur bei Landwirten, sondern auch bei Spediteuren, Flughafenbetreibern, Schaustellern und der Bundeswehr einiger Beliebtheit erfreuten. Zum Einbau in diese Traktoren gelangten Varianten des zwischen 1951 und 1964 von Hanomag gebauten 4 Zyl.-Reihenmotors D 57, der bei niedriger Drehzahl über ein beachtliches Drehmoment verfügte.
In der Ackerschlepperversion stand als Sonderwunsch die Dreipunkthydraulik mit Hanomag-Pilot-Regelung zur Verfügung, während für Straßenzugmaschinen ein 30 km/h Schnelllauf-Getriebe angeboten wurde.

*In der ATK-Version erfreuten sich die großen Hanomags großer Nachfrage beim Militär.*

*Am längsten aber hielten Schausteller den Schlepperriesen aus Hannover die Treue. Hanomag R 450 beim traditionellen Festzug zum Cannstatter Wasen.*

*Auch auf Flugplätzen des In- und Auslands kamen 1960 großvolumige Hanomag Traktoren mit mehr als 50 PS Leistung bevorzugt zum Einsatz.*

# 1961–1970

# Internationalisierung des Traktorenmarktes

Zählt man die Traktorenbestände in beiden damals existierenden Teilen Deutschlands zusammen, dann wurde zu Beginn der 1960er Jahre erstmals die Millionengrenze überschritten! Vollmechanisierung lautete das der Landwirtschaft vorgegebene Ziel, dem man auf dem Sektor der Motorisierung binnen weniger Jahre sehr nahe gekommen war. Auch zeichnete sich ab, dass das Wachstum des Traktorenbestands nicht unbegrenzt weiter gehen konnte. Sättigungstendenzen waren unübersehbar und fanden in den Neuzulassungen ihren Niederschlag. Wurden 1961 noch 95 380 Zugmaschinen neu zugelassen, so sank die Zahl bis zum Jahr 1970 auf 66 064 Traktoren.

Die Traktorenhersteller reagierten betroffen. Kooperationen boten sich Anfang der 1960er Jahre als Ausweg an, doch weder die Union von Hanomag und Bautz noch die ebenfalls 1962 begründete Partnerschaft der Schlepperhersteller Klöckner-Humboldt-Deutz und Fahr sicherten auf Dauer den Fortbestand der Traktorenproduktion im einstigen Umfang. Andere renommierte Traktorenhersteller wie Güldner, Hatz, MAN und Porsche-Diesel stellten den Traktorenbau ganz ein und gaben damit Marktanteile frei, um die sich verstärkt ausländische Traktorenanbieter bewarben. Denn auch das wurde in den 1960er Jahren klar: Der mit den Europäischen Verträgen von 1958 eingeschlagene Weg hin zu größeren Wirtschaftsräumen war nicht rückgängig zu machen und würde auch dem Traktorenmarkt seinen Stempel aufdrücken. Tatsächlich wurden in den 1960er Jahren zahlreiche ausländische Traktorenhersteller erstmals in Deutschland aktiv. Aus Frankreich traf dies für Renault, aus Großbritannien für David Brown, aus Italien für Fiat und Same, aus der Tschechoslowakei für Zetor zu, und die Erfolge blieben nicht aus. Schließlich kamen die internationalen Traktorenhersteller nicht mit beliebigen Zugmaschinen nach Deutschland, sondern führten interessante Konstruktionen im Programm, mit denen man in den Heimatländern und auf dem Weltmarkt große Erfolge aufzuweisen hatte. Für den Wettbewerb in Deutschland aber hieß dies, dass er trotz des Ausscheidens nationaler Anbieter nicht einfacher, sondern schwieriger geworden war. Auf einem schrumpfenden Markt wurde mit harten Bandagen gekämpft, was den Bauern als Nutzern nur Recht sein konnte. Sie bekamen Traktoren in gesteigerter Qualität geboten, sei es bei den Motoren, Getrieben und der Fahrzeugausstattung. Der Gesetzgeber hatte dabei übrigens auch seine Hände im Spiel. Mit der 1962 erlassenen Auflage, Traktoren mit Blinkanlagen auszurüsten, wurden Hersteller wie Werkstätten ebenso in Zugzwang gesetzt wie durch die zum 1. Januar 1970 angeordnete Ausrüstung der Traktoren mit Sicherheitsbügel.

Auch was die Originalität anbelangte, ließen die Traktoren der 1960er Jahre nichts zu wünschen übrig. So war es unter anderem der Kampf um den 100 PS Traktor, der neue Kräfte frei setzte. Nicht die Marktführer gaben dabei den Ton an, sondern kleine, flexibel gebliebene Traktorenfabriken. Hürlimann in der Schweiz und Schlüter in Deutschland gingen als erste das Wagnis des Baus von 100 PS-Ackergiganten ein und mussten sich mehrfach den Vorwurf gefallen lassen, größenwahnsinnig geworden zu sein. Anton Schlüter aus dem bayerischen Freising hat wie kein anderer dagegen gehalten, Aufklärung betrieben und im Rahmen seiner Schlütertage informiert, bis er zuletzt Recht bekommen hat, ohne dass dies seine Traktorenfabrik auf Dauer hat retten können.

## 1961

# MAN 4 L 2

*Trotz Formschönheit und überzeugenden Leistungen ließen die Markterfolge zu Beginn der 1960er Jahre zu wünschen übrig.*

## Pionier des Allradkonzepts

| Technische Daten | MAN 4 L 2 |
|---|---|
| Produktions-zeitraum | 1960–1963 |
| Motorleistung | 25 PS |
| Zylinder | 2 |
| Takt | 4 |
| Drehzahl | – |
| Gänge | 6/1 |
| Gewicht | 1590 kg |

*MAN Traktor in der ab 1960 auf den Markt gebrachten Form.*

In den Jahren 1960/61 startete MAN, „die älteste Dieselmotorenfabrik der Welt", noch einmal eine Initiative, dem eigenen Schlepperbau eine Zukunft zu verschaffen. Dazu stellte man eine neue Traktorenreihe vor, die äußerlich an abgerundeten, lang gestreckten Hauben, im Innern vor allem an dem zur Geltung gekommenen Baukastenprinzip zu erkennen war. Bei den Motoren bedeutete dies, dass je nach Leistung zwischen 2, 3 und 4 Zyl.- Versionen mit gleicher Zylindereinheit gewählt werden konnten. Andere Fahrzeugteile wie Getriebe, Kraftheber, Elektrik und Zapfwelle entsprachen sich hingegen bei den verschiedenen Modellen völlig. Der Schleppertyp 4 L 2 verfügte über den erstmals Anfang der 1950er Jahre von S. Meurer entwickelten und später dann von MAN perfektionierten M-Motor. Charakteristisch für ihn war der in der Mitte des Kolbens in halbkugeliger Form gehaltene Brennraum. Er sollte eine gleichmäßige und trotz hoher Motorleistung nur geringe Wärmebelastung des Motors garantieren. Auch versprachen die MAN-Ingenieure lange Lebensdauer bei bescheidenem Wartungsaufwand. Auffallend bei den MAN-Traktoren war ferner das ausgeprägte Bekenntnis zum Allradantrieb. Seit 1938, und damit um Jahrzehnte vor der Konkurrenz, schwor MAN auf den 4-Rad-Antrieb. Seine Eignung für den Einsatz auf schwierigen Böden stand für die Münchner Traktorenhersteller außer Frage, Einsätze „von der Arktis bis in die Tropen" hätten dies zweifelsfrei bestätigt.

*MAN Typ 4 L 2, Allrad mit 25 PS. Motor mit Anbau-Winkel-drehpflug*

*Dank des Allradantriebs ließ der MAN 4 L 2 beim Pflügen viele stärker motorisierte Zugmaschinen hinter sich.*

*MAN-Werbung für den 25 PS starken Allradschlepper 4 L 2.*

# 1962
# IHC D 326

*War lange Marktführer in Deutschland: McCormick, „ein deutsches Erzeugnis".*

## Fernbedienung dank IH-Agriomatik

| Technische Daten | IHC D 326 |
|---|---|
| Produktions-zeitraum | 1962–1965 |
| Motorleistung | 26 PS |
| Zylinder | 3 |
| Takt | 4 |
| Drehzahl | 1900 U/min |
| Gänge | 6/1 |
| Gewicht | 1398 kg |

Was haben sich die Hersteller von Traktoren nicht alles für Bezeichnungen und Namen einfallen lassen! Tiere, Städte, Berge gehören ebenso zu den Namensgebern wie Eigenschaften von brillant bis robust. Auch an Kunstworten besteht kein Mangel, dabei hätten viele von der Neusser Traktorenschmiede IHC lernen können. Bei dem 1962 auf den Markt gebrachten Modell D 326 stand D für Diesel, 3 für die Zylinderanzahl und 26 für die Motorleistung in PS.
So einfach geht das und alle wussten Bescheid. Dabei hatte die einfache Namensgebung nichts zu tun mit einem einfachen oder gar anspruchslosen Traktor. Das Gegenteil war der Fall. Bei den IH-Motoren der D-Reihe handelte es sich um ausgereifte, dem Stand der Zeit entsprechende Aggregate, die über eine vierfach gelagerte Kurbelwelle, Bosch-Einspritzvorrichtung, Wirbelvorkammer und Wasserumlaufkühlung mit Pumpe verfügten. Auch das 6-Gang-Getriebe konnte sich sehen lassen, doch war durchaus noch eine Steigerung als Sonderwunsch möglich. Die IHC-Agriomatic, ein 8-Gang-Getriebe mit Motorzapfwelle und Fernbedienung, machte es möglich, den Traktor mit einer einzigen Hebelbewegung zum Stillstand zu bringen, während gleichzeitig zapfwellengetriebene Maschinen bei voller Drehzahl weiterliefen. Umgekehrt konnte mit einem Hebelgriff ruckfrei angefahren oder von der Straße in den Acker übergewechselt werden. Schließlich konnte bei absetziger Fahrweise der Schlepper über Fernbedienung in Gang gesetzt oder angehalten werden. Einmann-Arbeit ohne Auf- und Absteigen lautete das Motto beim IHC D 326, von dem bis zum Jahre 1965 insgesamt 15 472 Exemplare produziert wurden.

*IH D 326: schnörkelloses Typenschild mit klarer Botschaft: 3 Zylinder – 26 PS.*

Die D-Reihe von McCormick bestach durch klare Linienführung.

Technisch und optisch war der IH D 326 der Stolz des Bauern.

Ruckfreies Fahren war für den D 326 dank Agriomatic selbstverständlich

*Formschön bis zum Schriftzug: Porsche-Diesel.*

1963

# Porsche-Diesel Super

## Ein Schwabenstreich der besten Art

| Technische Daten | Porsche-Diesel Super |
|---|---|
| Produktionszeitraum | 1958–1963 |
| Motorleistung | 38 PS |
| Zylinder | 3 |
| Takt | 4 |
| Drehzahl | 2000 U/min |
| Gänge | 5/1 |
| Gewicht | 1657 kg |

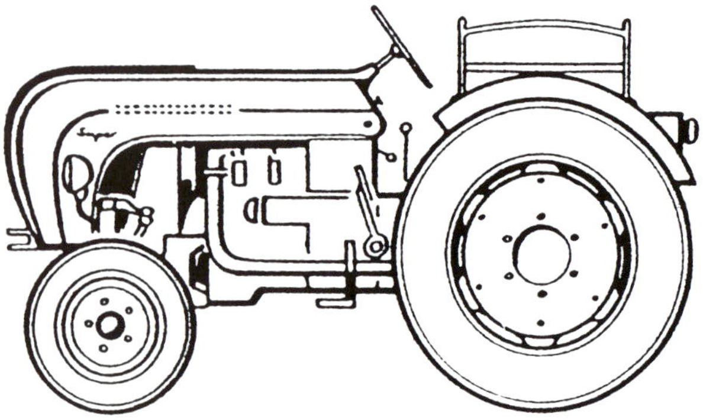

*Porsche Diesel Super, 3 Zyl.-4 Takt, 38 PS – ein echter „Schwabenstreich".*

1963 endete die Ära der roten Porsche-Diesel Traktoren, die der deutschen Schlepperlandschaft sieben Jahre lang ihren Stempel aufgedrückt hatten. Trotz dieses nur kurzen Zeitraums gelang es der von Friedrichshafen am Bodensee aus operierenden Porsche-Mannschaft mehrfach, durch technische wie stilistische Neuheiten auffallende Akzente zu setzen. Zu ersteren zählte der Einbau der von Voith, Heidenheim, stammenden ölhydraulischen Strömungskupplung in einen Teil der Porsche-Diesel Schlepper, denen von den Benutzern daraufhin ein besonders weiches Anlaufverhalten nachgesagt wurde. Vorzügen wie stufenlosem Anfahren und Schonung des Getriebes standen allerdings auch Nachteile wie verringerter Wirkungsgrad und höherer Kraftstoffverbrauch gegenüber. Weithin ohne Kritik blieb die Formgebung. In einer Zeit, wo andere Traktoren durch Kanten und Ecken auffielen, setzte Porsche bei der Karosserie auf eine elegante, geschwungene Form. Sie veranlasst auch 40 Jahre nach ihrem Erscheinen Designer, angesichts der Porsche Diesel-Traktoren von „zeitloser Moderne" zu sprechen. Im einzelnen gehörten zur Porsche Familie die Reihen Junior, Standard, Super und Master. Die im oberen Leistungsbereich positionierten Super-Traktoren wurden von luftgekühlten 3 Zyl.-Porsche-Diesel Eigenbau-Motoren angetrieben, die je nach Baustufe 38 bzw. 40 PS zur Verfügung stellten. Auch bei den Getrieben fand Produktpflege statt. So hatten die ersten Porsche-Diesel Super das von Porsche selbst gebaute Fünfgang-Getriebe P 133, während die letzten Super-Traktoren mit dem von ZF zugelieferten 8/4 Getriebe ausgestattet waren.

Porsche-Diesel Super im Einsatz bei der Kartoffelernte, Hohenheim 1999.

R. Leitenberger und H. Walker schätzen am Porsche-Diesel Super die große Laufruhe und das kräftige Durchzugvermögen.

Porsche-Diesel Super – Prospekt

1964

# Renault Super 5

*Renault Super 5 Schriftzug mit Händlerzeichen.*

## Unscheinbar, aber technisch super

| Technische Daten | Renault Super 5 |
|---|---|
| Produktions-zeitraum | 1962 – 1968 |
| Motorleistung | 35 PS |
| Zylinder | 3 |
| Takt | 4 |
| Drehzahl | 2000 U/min |
| Gänge | 10/2 |
| Gewicht | 1930 kg |

*Motorisierung: Renault Super 5 D – 35 PS.*

Zu den ersten von der neu gegründeten Porsche-Diesel-Renault-Vertriebsgegesellschaft in Deutschland verkauften Renault-Traktoren gehörte das Modell Super 5. Seine Merkmale waren der von Renault in Zusammenarbeit mit MAN entwickelte wassergekühlte 3 Zyl.-4 Takt Motor mit 35 PS-Leistung und das auf Renault zurückgehende teilsynchronisierte 10-Gang-Getriebe. Eine Doppelkupplung gewährleistete den unabhängigen Einsatz von angehängten Arbeitsmaschinen wie Mähdrescher oder Häcksler über Motorzapfwelle. In der Schmalspurvariante zielte der Super 5 auf den Einsatz in Sonderkulturen, insbesondere Wein- und Obstbau, ab. Das Modell Super 5 markierte die letzte Ausformung der seit 1956 von Renault gebauten D-Traktoren. Mit ihnen erreichte man in der französischen Landwirtschaft die Position 1 und wagte etliche Experimente. So gab es D-Modelle mit Motoren von Perkins, Motomeccanica und MWM sowie der Automobilhersteller Peugeot und Alfa-Romeo, die ansonsten einem Engagement im Schlepperbau eher skeptisch gegenüberstanden. Auch bei der Formgebung kam es zu etlichen Wechseln. Die Form des Super 5 wurde 1962 erstmals präsentiert und fand in Frankreich guten Zuspruch. Schwerer tat sie sich in Deutschland, Käufer zu finden. Immerhin stand der Super 5 in unmittelbarer Nachfolge des Porsche Super und da konnte der Gegensatz kaum stärker ausfallen. Gleichwohl haben Super 5 Besitzer nichts auf ihren Traktor kommen lassen. Geschätzt haben sie vor allem sein günstiges Leistungsgewicht (55 kg je PS), seine gute Zugkraft, die große Laufruhe und die Renault eigene Regelhydraulik.

Mit dem von Fritzmeier stammenden Allwetterverdeck nutzten die Bauern den Renault Super 5 als Ganzjahresschlepper.

Renault Super 5 – 35 PS mit Ladewagen bei der Heuernte.

Renault Super 5 mit Baas-Frontlader leitete auf zahlreichen Betrieben Süddeutschlands die Vollmechanisierung ein.

## 1965

# Hürlimann D 800

## Europas Stärkster

| Technische Daten | Hürlimann D 800 |
|---|---|
| Produktions-zeitraum | 1964–1967 |
| Motorleistung | 94 PS |
| Zylinder | 4 |
| Takt | 4 |
| Drehzahl | 1800 U/min |
| Gänge | 10/2 |
| Gewicht | 5250 kg |

*Seitenansicht des Hürlimann D 800.*

Man mag es glauben oder nicht, das von den Traktoren- und Motorenwerken Hans Hürlimann in Will in der Schweiz gebaute Traktorenmodell D 800 war einige Monate lang der stärkste in Europa produzierte Traktor! Die Anregung zum Bau des Supertraktors war von dem bekannten Zirkusunternehmer Knie ausgegangen, der seine schweren Zirkuswagen auch bei schwierigen Bedingungen sicher von Ort zu Ort gezogen haben wollte. Und was für den Zirkus gut war, konnte nach Ansicht von Schlepperexperten für die Landwirtschaft nicht schlecht sein. So setzten sich Männer wie H. G. Möllenbrock aus Schmachthagen bei Bad Oldesloe von Anbeginn dafür ein, dem Hürlimann D 800 bei den Bauern ein weiteres Betätigungsfeld zu geben. In zahlreichen Vorführungen auf Großbetrieben demonstrierten sie 1965/66 die hohe Zugkraft des Traktors und warben unter anderem mit dem niedrigtourigen 4 Zyl.-4 Takt-Hürlimann-Motor mit Direkteinspritzung. Sein Brennstoffverbrauch war mit 178 g/PS/Std. bei Volllast durch die Prüfer um Professor Rudolf Franke als sehr günstig bewertet worden, was unter anderem auf die niedrigen Drehzahlen und die Bosch-Einspritzung zurückgeführt wurde. Im landwirtschaftlichen Einsatz empfahl Hürlimann die Kombination des D 800 mit der gleichfalls von ihm entwickelten Motoregge. Seitlich angebaut ermöglichte sie zusammen mit dem angehängten 6-Schar-Pflug eine Bodenbearbeitung von 2,20 Metern in einem einzigen Arbeitsgang. Dennoch, allen Vorführerfolgen zum Trotz, konnten insgesamt keine 25 Hürlimann D 800 gebaut werden, von denen allerdings einige wenige bis in die Gegenwart überdauert haben.

*Mit 94 PS Leistung war der D 800 der stärkste in Europa gebaute Traktor seiner Zeit.*

*Einer der wenigen erhalten gebliebenen D 800 Traktoren vor einem 5-Schar-Eberhardt-Pflug. Am Steuer: Hj. Furter, Opfertshofen (Schweiz).*

*Auf zahlreichen Gutsbetrieben Norddeutschlands zeigte der Hürlimann D 800 seine Qualitäten als Pflugschlepper.*

*David Brown 990 Selectomatic im Einsatz als Hochradschlepper.*

## 1966

# David Brown 990/996

## Britische Technik in weißem Gewand

| Technische Daten | David Brown 990/996 |
|---|---|
| Produktions-zeitraum | 1964–1975 |
| Motorleistung | 58/64 PS |
| Zylinder | 4 |
| Takt | 4 |
| Drehzahl | 2200 U/min |
| Gänge | 12/4 |
| Gewicht | 2580 kg |

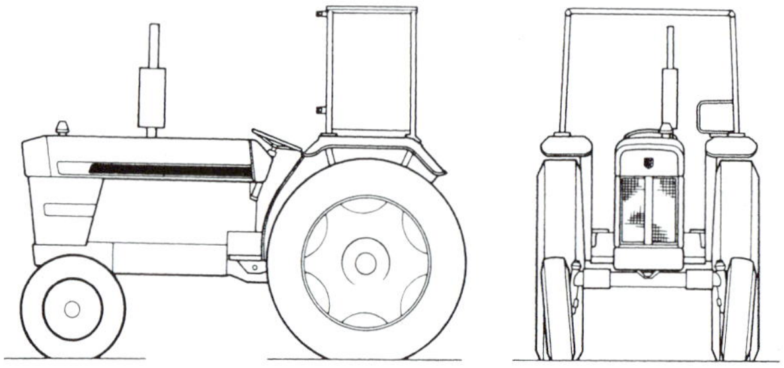

*Zweiseiten-Ansicht des David Brown DB 990 Traktors.*

1966 ging der im britischen Meltham, West Yorkshire, ansässige Traktorenhersteller David Brown Tractors ein großes Risiko ein. Die gesamte Traktorenpalette wurde in neuem Gewand präsentiert. Verabschiedet hatte man sich vom traditionellen Rot und runden Formen und setzte stattdessen konsequent auf kantige Karossen und weiße Farbe. Sicher waren das nur Äußerlichkeiten, doch sie markierten schon einen tiefen Schnitt in der Geschichte von David Brown, zumal dahinter eine „Philosophie" stand: Weiße Farbe machte Schmutz deutlich und was adelt einen Traktor mehr als harter Einsatz im Acker! Technisch wurden die beiden bis auf Details wie Motorleistung baugleichen Modelle 990 und 996 angetrieben von wassergekühlten 4 Zyl.-4 Takt David Brown Dieselmotoren. Auch das 12/4-Gang-Synchrongetriebe stammte von David Brown, wo man sich Mitte der 1960er Jahre einiges darauf zugute hielt, rund 30 000 Schlepper pro Jahr zu produzieren. Mit einer technischen Besonderheit wartete David Brown bei der Schlepperhydraulik auf. Als Selectamatic bezeichnete man ein System, das über vier unabhängig voneinander bestehende Hydraulikfunktionen verfügte, die über einen Vorwählschalter eingestellt werden konnten. Hatte man sich für Lageregelung, Regelhydraulik, Hydroachsdruckregelung oder Normalhydraulik entschieden, dann erfolgte die Steuerung über einen Kontrollhebel. 1977 produzierte David Brown den 500 000. Traktor, ehe 1983 die Übernahme des Unternehmens durch den US-amerikanischen Traktorenhersteller Case erfolgte.

Schmutz adelt lautete
die Devise beim
David Brown 990.

Parade von weißen David Brown Traktoren
bei einem Händler in Norddeutschland.

Stilistisch anspruchsvolle
Haube des DB 990.

1967

# Ford County Super 4

*Ford County Super 4 – vom Ford 5000 abgeleitet. 4-Zylinder Dieselmotor mit 62 PS.*

## Technik der britischen Extraklasse

| Technische Daten | Ford County Super 4 |
|---|---|
| Produktions-zeitraum | 1960–1975 |
| Motorleistung | 62 PS |
| Zylinder | 4 |
| Takt | 4 |
| Drehzahl | 2100 U/min |
| Gänge | 7/2 |
| Gewicht | 3600 kg |

*In der Version des 1004 Super Six wurde der Ford County von einem 92 PS starken Diesel-Motor angetrieben und brachte es auf ein Eigengewicht von 3885 kg.*

Zu den Pionieren des Baus von mit vier gleich großen Rädern ausgestatteten Allradschleppern zählt die in Fleets (UK) ansässige Firma County Commercial Cars Ltd. In enger Zusammenarbeit mit Ford entwickelte sie bereits Ende der 1950er Jahre einen Traktor, der unter der Bezeichnung Fordson County Super 4 Staunen hervorrief. In der Weiterentwicklung des dabei realisierten Konzepts erhielt der Ford County Super 4 im Jahr 1967 den stärkeren 4 Zyl.-4 Takt Motor des Ackerschleppers Ford Super Major 5000. Als Standardgetriebe stand ein 7/2-Gang Getriebe zur Verfügung, welches auf Wunsch allerdings durch das leistungsfähigere 10-Gang-Select-O-Speed-Getriebe ersetzt werden konnte. Dieses erstmals 1958 von Ford für seine nordamerikanischen Traktoren entwickelte Getriebe gehört zu den Meilensteinen der lastschaltbaren Getriebe und war der Getriebetechnik um Jahrzehnte voraus, auch wenn die Haltbarkeit zu wünschen übrig ließ. Allerdings erlaubte Select-O-Speed ein „Voll-in-Fahrt-Schalten“ ohne zu kuppeln und garantierte dem Traktor ruckfreies Fahren und dem Fahrer beachtliche Arbeitserleichterung, die er auch von der als Standardausrüstung vorhandenen hydraulischen Lenkhilfe und der Ford-Regelhydraulik erwarten durfte. Variable Spurweiten zwischen 1520 und 2140 mm standen ebenso für vielfältige Einsatzmöglichkeiten des County Super 4 wie der mit 5,64 m enge Wendekreis. Dieser und anderer Vorzüge ungeachtet blieb der County Super in Deutschland dennoch ein äußerst seltener Traktor. Daran änderte sich auch nichts, als die Motorleistung des County in der Variante des Modells 1004 Super Six durch Einbau des Ford-Motors 2703 E auf 95 PS angehoben wurde.

Ford County mit wassergekühltem 4 Zyl.-Takt Dieselmotor und Select-O-Speed-Getriebe.

Auf zahlreichen internationalen Landmaschinen-Ausstellungen wirkte der Ford County ob seiner eigenwilligen Konzeption als Magnet.

Ford County Super 4 – Prospekt aus dem Jahre 1967.

1968

# ZT 300/303

*Anerkennung für einen ZT 300-Fahrer: „5000 Betriebsstunden ohne Generalüberholung".*

## Meisterstück des DDR-Traktorenbaus

| Technische Daten | ZT 300/303 |
|---|---|
| Produktions-zeitraum | 1967–1987 |
| Motorleistung | 90 PS |
| Zylinder | 4 |
| Takt | 4 |
| Drehzahl | 1850 U/min |
| Gänge | 9/3 |
| Gewicht | 4820 kg |

Anfang der 1960er Jahre wurde das Verlangen der DDR-Landwirtschaft nach zugstarken Traktoren offenkundig. Weder die RS-Geräteträger noch die in Nordhausen produzierten Famulus-Schlepper waren in der Lage, dem durch die arrondierten Flächen und die immer größer gewordenen Anbaugeräte entstandenen Bedarf nach leistungsstarken Zugmaschinen zu genügen. Ein erster Prototyp für einen zukünftig auf 80 und mehr PS ausgelegten Traktor entstand 1964. Bis zur Serienreife vergingen allerdings weitere Jahre, zumal die Produktion nicht mehr im Schlepperwerk Nordhausen, sondern auf neuen Bändern im Traktorenwerk Schönebeck erfolgen sollte. 1967 aber war es soweit. Unter der Bezeichnung ZT 300 wurde ein Hinterradtraktor produziert, der von einem 90 PS starken 4 Zyl.-4 Takt Dieselmotor des Motorenwerks Schönebeck angetrieben wurde. Das aus eigener Fabrikation stammende 9/3-Gang-Getriebe ermöglichte Fahrgeschwindigkeiten zwischen 3,1 und 29,9 km/h. Gutem Standard entsprach auch die übrige Fahrzeugausstattung von der Elektrik über Hydraulik bis zu den Bedienelementen. Bedauert wurde allerdings das Fehlen eines Allradantriebs, der vier Jahre später in der Version des ZT 303 ausgeliefert wurde. Diese Traktoren hatten ein Leergewicht von über fünf Tonnen und zählten damit zu den schweren Traktoren, was vor allem, wenn es um die Bodenschonung ging, als Nachteil empfunden wurde. Ab 1978 erhielten die ZT-Traktoren zusätzlich zur Typenkennzeichnung die Bezeichnung „Fortschritt". 1984 wurde dann die weiter entwickelte Traktorenbaureihe ZT 320/323 vorgestellt, deren Motoren nun 100 PS leisteten.

*Frontpartie eines ZT 300 der LPG Pflanzenproduktion Blankenhain. Das Hufeisen hat Glück gebracht und den Traktor in die Nachwendezeit gerettet.*

*Die Traktoren der Reihen ZT 300/303 waren wichtige Helfer auf dem Weg hin zur „sozialistischen“ Landwirtschaft.*

*An kaum einem Traktor wurde so viel improvisiert wie am ZT 300. Fahren mußte er, das Aussehen spielte keine Rolle!*

*Einige wenige ZT 300 wurden sogar auf Gummiketten gestellt: Gleisbandschlepper ZT 300, Bauj. 1984, vor der Halle 18 der agra, Markkleeberg.*

*Schmotzer Kombi Record als Hackmaschine.*

## 1969

# Schmotzer Kombi Record

| Technische Daten | Schmotzer Kombi Record |
|---|---|
| Produktions-zeitraum | 1967–1974 |
| Motorleistung | 20 PS |
| Zylinder | 2 |
| Takt | 4 |
| Drehzahl | 3000 U/min |
| Gänge | 6/3 |
| Gewicht | 1045 kg |

## Nur etwas für Spezialisten

In den meisten Traktorenbüchern sucht man vergeblich nach Hinweisen auf Schlepper der Bad Windsheimer Landmaschinenfabrik H. Schmotzer. Dabei hatte das vor allem durch Hack-, Sä- und Rübenerntemaschinen bekannt gewordene Unternehmen bereits in den 1920er Jahren versucht, Motorpflüge zu produzieren. Nach dem 2. Weltkrieg begann Schmotzer 1951 mit dem Bau von leichten Traktoren, die wahlweise mit Benzin- oder Dieselmotoren von Farymann, Stihl und VW ausgestattet waren. Zwischen 10 und 18 PS standen für Pflege- oder Hackarbeiten zur Verfügung, die vor allem dort gerne gefragt waren, wo präzise mechanische Arbeit hoch im Kurs stand. Nach einer Produktionsunterbrechung startete Schmotzer Ende der 1960er Jahre erneut den Bau von Traktoren, die nun unter der Bezeichnung Mehrzweckgerät Kombi Record angeboten wurden. Zum Einbau gelangte diesmal ein luftgekühlter, 20 PS starker MWM-2 Zyl.-4 Takt Dieselmotor, der ein auf eine Arbeitsbreite von 2,00 m ausgelegtes Fahrgestell antrieb. Zugarbeiten waren nur in Ausnahmefällen vorgesehen, während die Kombination mit An- und Aufbaugeräten die Regel war. Von der Kipp-Pritsche über Mähwerk und Spritze bis hin zu Düngerstreuer, Hack- und Sämaschine reichte die Palette der Anbaumaschinen, die den Kombi Record zum Herzstück eines Einmann-Betriebs machen konnten. 1974 verabschiedete sich Schmotzer endgültig aus dem Schlepperbau, was vor allem in Betrieben des feldmäßigen Gartenbaus bedauert wurde.

*Auf dem Oberen Lindenhof bei Reutlingen gehört der Einsatz von verschiedenen Kombi Record zur Betriebsphilosophie.*

*Schmotzer Kombi Record mit aufgesattelter Anbaudrillmaschine auf den Versuchsfeldern der Universität Hohenheim.*

*Mit einer Gesamtbreite von 2,20 m passt der Kombi Record-Traktor gerade auf den Tieflader.*

1970

# Kramer KL 450

## Einer der letzten badischen Allesschaffer

| Technische Daten | KL 450 |
|---|---|
| Produktions-zeitraum | 1967–1970 |
| Motorleistung | 42 PS |
| Zylinder | 3 |
| Takt | 4 |
| Drehzahl | 2300 U/min |
| Gänge | 10/5 |
| Gewicht | 2156 kg |

*Kramer 450, Allradversion mit überlastgesicherter Kramer Lenktriebachse.*

1970 fiel in den Kramer-Werken der Entschluss, sich Schritt um Schritt aus dem Schlepperbau zurückzuziehen. Leicht kam diese Entscheidung nicht zustande, immerhin blickte man im badischen Gutmadingen auf eine 45-jährige Tradition der Traktorenfabrikation zurück. Aber die Fakten sprachen eine klare Sprache. Mit einem Marktanteil von weniger als 1 Prozent konnte ein breit angelegtes und technisch interessantes Schlepperprogramm nicht mit Gewinn produziert werden. Das Modell KL 450 zählte denn auch zu den letzten von Kramer entwickelten Modellen. Luftgekühlte Deutz-Motoren gaben die Kraft, während das neu entwickelte Kramer IIa Getriebe auf 10 Vor- und 5 Rückwärtsgänge ausgelegt war. In zwei Varianten stand es zur Verfügung, als Normal- oder Schnellgetriebe. Als Schnellgetriebe deckte es den Geschwindigkeitsbereich von 2,2 bis 30 km/h ab. Auch konnte der KL 450 als Allrad erworben werden, wobei das Werk für sich in Anspruch nahm, über die wendigsten Allradschlepper des Marktes zu verfügen. Ursächlich dafür war eine neuartige Kramer Lenktriebachse, die bei einem Lenkeinschlag von 60 Prozent einen Wenderadius von 3,50 m ermöglichte. Sie kam zuletzt in allen, im Leistungsbereich zwischen 35 und 70 PS angebotenen Kramer-Allrad-Traktoren zum Einbau. In den letzten Monaten des Kramer Schlepperbaus wurde aus dem Modell KL 450 noch der Typ 514. Äußerlich nahezu unverändert besaß dieser Traktor einen 50 PS starken Deutz-Motor und konnte als Sonderwunsch mit einer lastschaltbaren Motorzapfwelle ausgerüstet werden.

*Vor allem in Südbaden erfreuten sich die Kramer-Traktoren der letzten Serie ungebrochener Beliebtheit.*

*Auch in moderner Gestaltung haftete den Kramer-Traktoren der unverwüstliche Ruf an, „Allesschaffer" zu sein.*

*Kramer KL 450 bei der Pflugarbeit mit 2-Schar-Anbau-Wechselpflug.*

# 1971–1980

# Siegeszug der Komponenten

Mit ca. 1,5 Mio. Fahrzeugen, darunter rund 130000 in der DDR, erreichte der Traktorenbestand Anfang der 1970er Jahre in Deutschland einen neuen Höhepunkt. Allerdings wurde das Geschehen bei weiter rückläufigen Zulassungszahlen (1980 nur noch 45477 Traktoren) im wesentlichen von Ersatzanschaffungen bestimmt. Die Generation der kleinen Nachkriegsschlepper hatte ausgedient und wurde ersetzt durch stärker motorisierte 2- bis 4-Zyl. Maschinen. Der Austausch kam einer Aufwertung gleich, denn obwohl zwischen Erstausstattung und Ersatz gerade einmal 20 Jahre lagen, so waren die Traktoren doch kaum mehr zu vergleichen. Geht man von den Motoren aus, so hatte sich ihre Nennleistung in zwei Jahrzehnten mehr als verdoppelt. Allradantrieb bildete nun nicht mehr die Ausnahme, sondern wurde zumindest als Sonderausstattung von fast allen Herstellern angeboten. Grundlegend verbessert hatte sich auch der Fahrerplatz. Aus der Bandscheiben gefährdenden Stahlschale von einst war nun eine Kabine mit gefedertem Sitz geworden, die zum einen längeres Arbeiten mit dem Traktor erträglich machte, und zum anderen dem Fahrer zusätzlichen Schutz und Sicherheit bot.
Besonders deutlich wurden die im Traktor realisierten Veränderungen in zwei Neukonstruktionen des Jahres 1972: MB trac und Intrac rückten den Fahrer in die Fahrzeugmitte oder sogar nach vorne, hatten Allradantrieb und legten Wert auf vier gleichwertige An- und Aufbauräume. Von ihren Herstellern Mercedes-Benz und KHD wurden sie als System verstanden und liefen fortan unter der Bezeichnung „Systemschlepper".
Das teuerste Bauteil des Traktors war nicht mehr der Motor. Vor allem Getriebe und die übrige Fahrzeugausstattung mit Hydraulik und Elektrik hatten dem Motor als Kostenfaktor Nummer 1 den Rang abgelaufen. Und der Bedarf der Landwirte gerade auf diesen Feldern der Traktorentechnik war keineswegs gestillt. So gingen bei den Getrieben alle Anstrengungen in Richtung Lastschaltbarkeit, und es kam schon einem Feuerwerk gleich, was von den Getriebeexperten in den 1970er Jahren auf dem Markt gebracht wurde. Hinter fremd klingenden und zunächst einmal gewöhnungsbedürftigen Bezeichnungen wie Hydra Shift, Quad Range oder auch Powershift verbargen sich zwei-, vier- und sechsstufig lastschaltbare Getriebe, die in kürzester Zeit für Traktoristen alle Fremdheit verloren, vereinfachten sie die Schlepperarbeit vor allem bei schweren Einsätzen doch nachhaltig. Und kaum anders sah es auf dem Feld der Schlepperhydraulik aus. Sie erst machte für viele fortschrittsbegeisterte Bauern den Traktor in der Kombination mit Frontlader und Anbaugeräten zu einer funktionstüchtigen Einheit. Und ihr Erfolg stand außer Frage. 1974 wurden 140 000 Frontlader allein in Westdeutschland gezählt, und wem der Frontlader nicht reichte, um seine Transportarbeiten in Flur und Hof zu besorgen, der konnte auf die ebenfalls in den 1970er Jahren neu entwickelte Spezies der Teleskoplader zurückgreifen. Für den Heckanbau hieß das Zauberwort „elektrohydraulische Hubwerksregelung". 1972 eingeführt, ermöglichte sie eine optimale Pflugsteuerung im Acker und stellte an Präzision alles, was der Landwirt zuvor von Hand und mit der Kurbel erreicht hatte, weit in den Schatten. Detailarbeit auf höchstem Niveau wirkte sich hier aus, die in aller Regel allerdings nicht mehr von den Traktorherstellern selbst, sondern von Spezialisten wie den Firmen Bosch oder Rexroth geleistet wurde.
Aber Detailarbeit, so sehr sie die Schlepperentwicklung bestimmt, war nicht alles. Daneben prägten immer wieder einmalige Paukenschläge die Traktorszene. Unweigerlich ist hier das Jahr 1978 zu nennen. Auf ihrem DLG-Stand präsentierte die Schlepperfabrik Anton Schlüter den bislang leistungsstärksten Allradtraktor der Welt: Profi Trac 5000 TVL lautete die Bezeichnung des 500 PS starken, 18 Tonnen schweren „mobilen Riesen", der mit seinen Dimensionen ganz auf die Kombinate des Ostens ausgerichtet war.

1971

# MF 135

*Klar konturiert und unverwechselbar: Frontpartie des MF 135.*

## Stückzahl-Weltmeister

| Technische Daten | MF 135 |
|---|---|
| Produktions-zeitraum | 1965–1973 |
| Motorleistung | 45 PS |
| Zylinder | 3 |
| Takt | 4 |
| Drehzahl | 2250 U/min |
| Gänge | 12/4 |
| Gewicht | 1950 kg |

„Der MF 135 ist der meistgekaufte Schlepper der Welt. Weit über 830 000 Maschinen wurden von ihm und seinem Vorgänger, dem MF 35, bisher in alle Welt verkauft". Diese aus einem Prospekt des Jahres 1971 stammende Feststellung belegt die außerordentlich gute Akzeptanz des MF 135 bei den Landwirten aller Kontinente. Denn ob in Europa oder Asien, Amerika oder Afrika, überall vertrieb der international operierende Massey-Ferguson Konzern zu Beginn der 1970er Jahre seine Traktoren. Beim MF 135 gelang ihm dies besonders gut, was unter anderem ein Verdienst von J. J. Jaeger war. Der von ihm maßgeblich konzipierte Basistraktor war so angelegt, dass er über leicht vorzunehmende Umrüstungen gut auf die Besonderheiten der einzelnen Landwirtschaften zugeschnitten werden konnte. Dort wurde der MF 135 nahezu überall als „passend" empfunden und hat sich auch auf Deutschlands Äckern achtbar geschlagen. Kraftquelle war der 3 Zyl.-Perkins-Motor AD 3.152, der sein maximales Drehmoment bei 1300 U/min, also bei knapp 60 Prozent der Nenndrehzahl erreichte. Gute Zugleistung, hohe Elastizität, angemessener Kraftstoffverbrauch und vor allem geringer Verschleiß zeichneten ihn aus. Zwei Getriebe standen beim MF 135 zur Wahl. Das Standard-Getriebe hatte 8 Vorwärts- und 2 Rückwärtsgänge, während das anspruchsvollere Lastschaltgetriebe „Multipower" über 12 Vorwärts- und 4 Rückwärtsgänge verfügte. Über jeden Zweifel erhaben war ferner die zum Einbau kommende Ferguson-Hydraulik. Ihre Funktionen reichten vom Heben, Senken und Tragen bis zur automatischen Tiefenregulierung der Dreipunkt-Anbaugeräte.

*MF 135 – ein Bauerntraktor der 40 PS Klasse, der es zum Welt-Bestseller brachte.*

MF 135 vor Amazone-Drillmaschine bei der Aussaat Markdorf (Bodensee) 1998.

Der MF 135 bürgte für Internationalität. US-amerikanische, britische und französische Bauteile bildeten eine gelungene Einheit.

MF 135 vor Gutshaus – Prospekt aus dem Jahr 1971.

1972

# MB trac 65/70

*Mit Erfolg wurde der MB trac von Anfang an nicht nur als Traktor, sondern als neuartiges „Arbeitssystem“ vorgestellt.*

## Der Mercedes unter den Traktoren

| Technische Daten | MB trac 65/70 |
|---|---|
| Produktions-zeitraum | 1972–1975 |
| Motorleistung | 65 PS |
| Zylinder | 4 |
| Takt | 4 |
| Drehzahl | 2400 U/min |
| Gänge | 16/16 |
| Gewicht | 3000 kg |

Erste Planungen für einen Mercedes-Benz-tractor („MB trac“) gehen zurück auf das Jahr 1967. In Ergänzung zum Unimog sollte es sich dabei um eine langsam fahrende Arbeitsmaschine handeln, die wenigstens zum Teil aus Unimog-Aggregaten bestand. Zwei Jahre vergingen bis zum Bau eines Prototyps, der in den Niederlanden ausgiebigen Tests unterzogen wurde. Der deutschen Öffentlichkeit vorgestellt wurde das MB trac Modell 65/70 im Jahre 1972 anlässlich der DLG-Ausstellung in Hannover. Die Zahl 65 stand dabei für DIN PS und die Zahl 70 entsprach den SAE PS: Ansonsten hatte das in rot/weißer Farbe gehaltene Fahrzeug vier gleich große Räder, eine von hinten nach vorn über den Motor verlagerte Kabine und drei Anbauräume, auf die der Fahrer von seinem Sitz aus eine gute Sicht besaß. 300 Bestellungen gingen in kurzer Frist ein und belegten das große Interesse an dem bald schon als Systemtraktor bezeichneten Fahrzeug. Allerdings zeigte sich in der Folge, dass eine stärkere Motorisierung gewünscht war. So brachte Mercedes-Benz 1975 den Typ 800 mit 72 PS und 1976 die Modelle 1100 und 1300 mit 110 bzw. 125 PS auf den Markt. Und diesem Trend hin zu stärkeren Motorleistungen blieb Mercedes-Benz in den Folgejahren treu. Das letzte, im Jahre 1990 in Serie gegangene Modell MB trac 1800 Intercooler wurde vom 6 Zyl.-Motor OM 366 mit 180 PS angetrieben. Insgesamt wurden in Gaggenau bis zur Einstellung der Produktion 41000 MB trac gebaut, von denen sich eine ungewöhnlich große Anzahl auch 10 Jahre später immer noch im täglichen Praxiseinsatz befindet.

*Die Anordnung der Bedienelemente im MB trac entsprach den Grundsätzen moderner Sachlichkeit.*

*Kontur des MB trac auf dem Freistempel der Daimler-Benz AG, Gaggenau.*

*Die letzte Version des MB trac war zugleich die Größte: MB trac 1800 Intercooler 1991 auf der DLG agra in Markkleeberg.*

*Das auf dem MB trac 65/70 aufbauende Modell des MB trac 800 mit Rau-Aufbauspritze.*

*Erstvorstellung des MB trac 65/70 auf der DLG-Ausstellung 1972 in Hannover.*

## 1973

# KHD Intrac 2002

*Intrac 2002 auf der Fahrt zum Einsatz als Pflanzenschutztraktor.*

## Innovativ aber ohne Fortune

| Technische Daten | KHD Intrac 2002 |
|---|---|
| Produktions-zeitraum | 1972–1974 |
| Motorleistung | 51 PS |
| Zylinder | 3 |
| Takt | 4 |
| Drehzahl | 2300 U/min |
| Gänge | 12/4 |
| Gewicht | 3050 kg |

1972 präsentierte der Kölner Traktorenhersteller KHD die Universalarbeitsmaschine Intrac, die alle Erfahrungen im Standardschlepperbau beinhalten und zusätzlich ein neues Arbeitsmaschinensystem bringen sollte. Dazu hatte man den Traktor mit seinen Aufgaben einer ausgedehnten Prüfung unterzogen und festgestellt, dass es vorteilhaft ist, wenn Bodenbearbeitungsgeräte am Heck angebaut, steuerungsempfindliche Pflanzenschutz-, Pflege- und Erntegeräte im Frontanbau angebracht und Lasten im zentralen Aufsattelraum zwischen den Achsen mitgeführt werden. Für die geschlossene Fahrerkabine wurde ferner die Fahrzeugfront als vorteilhaft ermittelt, was in Umsetzung der Ergebnisse zum Systemschlepper Intrac 2002 führte. So unkonventionell der Intrac 2002 auch aussah, ganz neu war das Fahrzeug dennoch nicht. Es basierte vielmehr auf vom Traktor D 5006 bekannten Bauteilen Motor, Getriebe und Allradachse, die nun aber durch zahlreiche, exakt auf den Intrac zugeschnittene Arbeitsmaschinen ergänzt wurden. Bekannte Landmaschinenhersteller wie Rau, Tröster, Weiste und Fahr hatte KHD von Anfang an mit in das Intrac-Konzept eingebunden, so dass eine komplette Systemlösung für die Außenwirtschaft angeboten werden konnte. Doch der Absatz der neuen Technik entwickelte sich nicht wie erhofft. So ergänzte KHD den Intrac 2002 bereits im Jahre 1974 um das Modell Intrac 2005. Dieses 4400 kg schwere Fahrzeug wurde von dem luftgekühlten 5 Zyl.-Motor F5L 912 angetrieben, der 88 PS leistete. Über ein hydrostatisches Getriebe erfolgte der Antrieb der 4 gleich großen Räder, die für eine Fahrgeschwindigkeit von 40 km/h ausgelegt waren.

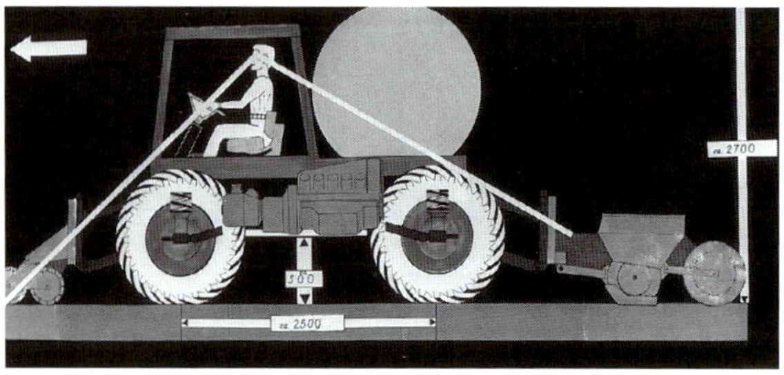

*Schemazeichnung zum Intrac-Blickwinkel des vorne sitzenden Schlepperfahrers.*

*Deutz Intrac mit Anbau-Drillmaschine bei der Saat.*

*Mit dem Intrac beschritten die KHD-Ingenieure neue Wege im Traktorenbau.*

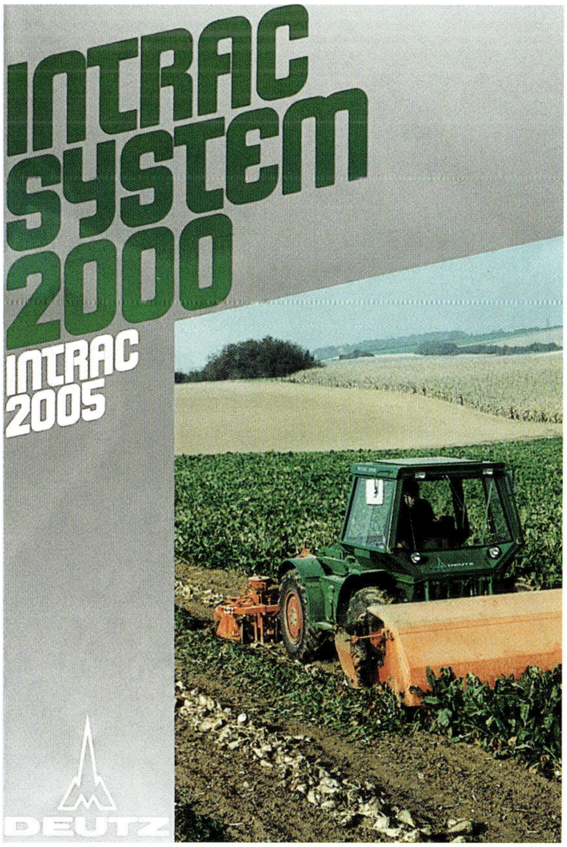


*Werbung für das Intrac-System 2000.*

1974

# John Deere 3130

## Spitzentechnik aus Mannheim

| Technische Daten | John Deere 3130 |
| --- | --- |
| Produktions-zeitraum | 1972–1979 |
| Motorleistung | 89 PS |
| Zylinder | 6 |
| Takt | 4 |
| Drehzahl | 2500 U/min |
| Gänge | 12/6 |
| Gewicht | 3290 kg |

*Skizze des John Deere Traktors 3130.*

Der Schleppertyp 3130 war das Spitzenmodell der vierten von John Deere in Mannheim nach dem Auslaufen der Bulldog-Produktion gebauten Schlepperserie. Neue 6 Zyl.-4 Takt-Diesel-Motoren, eine kupplungsunabhängige, unter Last ein- und ausschaltbare Zapfwelle sowie das LS-Getriebe mit HILO-Funktion hoben den Traktor aus dem Kreis vergleichbarer Maschinen heraus. HILO stand übrigens für high und low und bedeutete nichts anderes als eine über einen Hydromagnetschalter gesteuerte, kupplungsfrei erfolgende Geschwindigkeitsreduktion unter Last, die ein besseres Durchzugsvermögen bewirken sollte. Tatsächlich hatten Berechnungen ergeben, dass eine Geschwindigkeitsminderung um 21 Prozent zu einem um 27 Prozent besseren Durchzugsvermögen führte. Auch die ab 1974 auf Wunsch zu erhaltende Fahrersicherheitskabine setzte Maßstäbe. Sie bot nicht nur guten Bedienerkomfort, sondern verringerte vor allem auch den Geräuschpegel auf 86 dB(A), was den Fahrer in den Mittelpunkt konstruktiven Denkens der Ingenieure rückte. An den Fahrer wurde auch gedacht, als 1976 eine neue Motorhaube eingeführt wurde. An die Stelle der weit nach vorn springenden „Nase“ trat nun eine nach vorn abfallende Schräge, die bessere Sicht nach vorn gewährleistete. Mit dem 3130 setzte also auf mehreren Gebieten ein neues Denken ein, von dem auch die anderen Schlepper der 30er Reihe profitierten. Ihre Palette reichte zuletzt vom Typ 830 mit 35 PS Leistung bis zum 145 PS Großtraktor Typ 4430. Letzterer entstammte allerdings ebenso wie das 118 PS starke Modell 4230 nordamerikanischer Fertigung und wurde in Mannheim aus eingeführten Bauteilen montiert.

*Zusatzgewichte im Frontanbau bewirkten bei schweren Feldarbeiten eine verbesserte Bodenhaftung.*

*John Deere Traktor der 30er Serie bei der Bodenbearbeitung.*

*Mit dem Modell 3130 erzielte John Deere mehr als nur Anerkennung auf dem Markt für Großschlepper.*

1975

# Weichel Porter

## Kopfgeburt eines Tüftlers

| Technische Daten | Weichel Porter |
|---|---|
| Produktions-zeitraum | 1975–1976 |
| Motorleistung | 45 PS |
| Zylinder | 3 |
| Takt | 4 |
| Drehzahl | 2200 U/min |
| Gänge | 16/16 |
| Gewicht | 2000 kg |

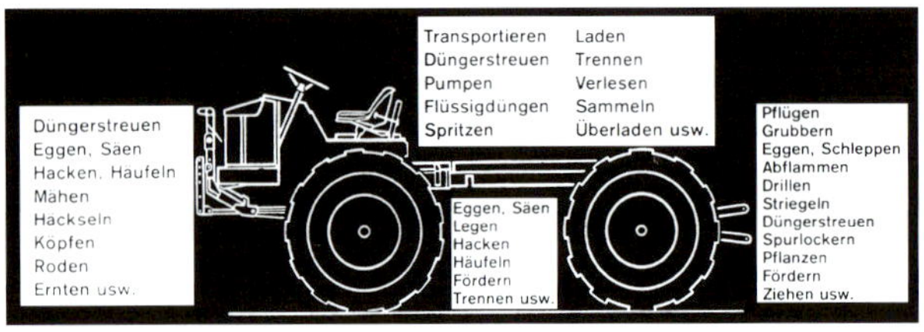


*Weichel Porter Breitspur Geräteträger.*

Ernst Weichel ist in die Geschichte eingegangen als der Erfinder des Ladewagens. Ab 1960 hat er von dem kleinen Ort Heiningen am Fuße der Schwäbischen Alb aus die Halmfutterente revolutioniert. Sein Hamster genannter, mit Pickup und Kratzboden ausgestatteter Erntewagen wurde so erfolgreich, dass sich schließlich über 30 verschiedene Hersteller mit dem Bau von Ladewägen beschäftigten. Ernst Weichels Schaden war dies nicht. Aus Lizenzen erhielt er so viel Geld, dass er neuen Ideen nachgehen konnte. Und an Ideen bestand bei Weichel kein Mangel. Die pfluglose Bodenbearbeitung hatte es ihm angetan, doch schwebte ihm auch der Bau eines selbstfahrenden Breitspur-Geräteträgers vor. Über vier Anbauräume für Geräte, fünf Zapfwellen, drei Kraftheber und 16 Vorwärts- und 16 Rückwärtsgänge sollte das Fahrzeug verfügen, das sicher und bequem, leicht und wendig, geländegängig und hangsicher, stabil und zuverlässig sowie nicht zuletzt wirtschaftlich sein sollte. Die Forderungen waren hoch gesteckt, doch für Weichel galt: Nur wer wagt, gewinnt. So baute er ein Fahrzeug, das schon von den Maßen her beeindruckte. Länge: 4,35 m, Breite: 2,76 m; Bodenfreiheit 0,89 m. Lang, breit und vor allem hochbeinig kam der Weichel Traktor daher, für den der Erfinder den Namen Porter auswählte. Angetrieben wurde der Porter von einem 45 PS starken 3 Zyl.-Diesel-Motor von Perkins, dessen Kraft über ein 16/16 Gruppen-Wendegetriebe an die Antriebsräder weitergeleitet wurde. Zur Serienreife allerdings hat es der Porter nicht gebracht. Einige wenige Fahrzeuge wurden nur gebaut, darunter eines, das sich heute in fahrbereitem Zustand im Deutschen Landwirtschaftsmuseum befindet.

*Unter der von einem österreichischen Traktor entlehnten Motorhaube des Weichel Porter verbirgt sich ein Perkins 3 Zyl.-Motor.*

*Weichel Porter mit aufmontiertem Mercedes 6 Zyl.-Dieselmotor als Antrieb für Anbaugeräte.*

*Mit seiner Überbreite eignete sich der Weichel Porter schlecht für längere Straßenfahrten.*

1976

# Schlüter Super 1250

*Mit einem Bär in kräftig roter Farbe machte Schlüter auf die urwüchsige Kraft seiner Traktoren aufmerksam.*

## Kleine Stückzahl, großes Ansehen

| Technische Daten | Schlüter Super 1250 |
|---|---|
| Produktions-zeitraum | 1968–1993 |
| Motorleistung | 125 PS |
| Zylinder | 6 |
| Takt | 4 |
| Drehzahl | 1800 U/min |
| Gänge | 12/5 |
| Gewicht | 5205 kg |

*Schlüter Super 1250 beim Einsatz mit der Bodenfräse.*

Wie kein anderer europäischer Traktorenhersteller hat die Motorenfabrik Anton Schlüter, München – Freising, die Entwicklung und den Bau von Großschleppern vorangetrieben. Seit Mitte der 1960er Jahre verging kein Jahr, in dem nicht entweder ein neuer Super-Traktor vorgestellt, die Motorleistung eines bereits eingeführten Modells gesteigert oder aber die Ausstattung eines der Großschlepper verbessert worden wäre. Sicher, die Stückzahlen der Schlüter-Bären, wie die bayerischen Traktor-Kraftprotze von den Bauern respektvoll bezeichnet wurden, blieben bescheiden, doch der Innovationskraft des Unternehmens tat dies keinen Abbruch. Schließlich baute man keine Traktoren für jedermann, sondern legte großen Wert auf Exklusivität, im Angebot ebenso wie bei der Kundschaft. Erfolgreichster Traktor des zahlreichen Schlüter-Großtraktoren-Programms aber blieb bis zum Ende des Traktorenbaus 1993 das Modell Super 1250. Der zum Einbau kommende 6 Zyl.-Schlüter Dieselmotor mit Direkteinspritzung leistete anfangs 110 PS, die jedoch im Laufe der Jahre auf 125 PS und zuletzt sogar 130 PS gesteigert wurden. Hier schlug sich einmal mehr die sorgfältige Produktpflege von Schlüter nieder, die sich einiges darauf zugute hielt, Verbesserungsvorschläge aus der Praxis unkompliziert umzusetzen. 1976 beispielsweise erhielten die Super 1250 Traktoren neue, hydraulisch kippbare Kabinen, durch die Wartungsarbeiten am Motor nachhaltig vereinfacht wurden. Neu war ferner die von ZF zugelieferte hydrostatische Lenkung, die von den Schlepperfahrern als spürbare Erleichterung empfunden wurde.

*Schlüter Super 1250 1985 auf dem markgräflichen Gutsbetrieb des Klosters Salem in Baden.*

*Schlüter Super 1250 TVL 1994 als Bio-Versuchstraktor auf dem bayerischen Gut Grub bei München.*

*Schlüter Super 1250 des Energieerzeugers Rheinbraun in ockerfarbener Sonderlackierung.*

1977

# Aebi TerraTrac

*In den Schweizer Bergen, aber nicht nur dort, ist der TerraTrac zu Hause.*

## Im Grünland zu Hause

| Technische Daten | Aebi TerraTrac |
|---|---|
| Produktions-zeitraum | 1977–2001 |
| Motorleistung | 43 PS |
| Zylinder | 4 |
| Takt | 4 |
| Drehzahl | 3000 U/min |
| Gänge | 6/6 |
| Gewicht | 1200 kg |

Die Berglandwirtschaft diktiert der Schleppertechnik eigene Spielregeln. Nicht Größe und Schlagkraft sind für Erfolg und Misserfolg eines Traktors entscheidend, sondern niedriger Schwerpunkt, Geländegängigkeit und die Eignung zur Arbeit im Hang. Die Maschinenfabrik Aebi im schweizerischen Burgdorf hat sich diese Vorgaben zu eigen gemacht und 1977 einen Hanggeräteträger TerraTrac vorgestellt, dessen auffälligstes Merkmal die breite (1,92 m) und zugleich mit einer Gesamthöhe von 1,34 m extrem niedrige Bauart war. Unterstrichen wurde der gedrungene Charakter des Fahrzeugs durch vier Niederdruck-Terrareifen mit großer Aufstandsfläche. Sie garantierten gute Anschmiegsamkeit an den Boden bei gleichzeitig optimaler Übertragung der Zugkräfte, ohne dass dabei die Grasnarbe beschädigt wurde. Um die Hangtauglichkeit des TerraTrac zusätzlich zu erhöhen, hatte man sich bei Aebi für einen Zentralrohraufbau mit seitlich angeordnetem Motor entschieden. Das Resultat konnte sich sehen lassen. Die von einem 3-Zyl.-4 Takt-Perkins-Dieselmotor angetriebene Maschine erwies sich bei Demonstrationen in der Lage, Steigungen bis zu 80 Prozent zu durchfahren, ohne in Sturzgefahr zu geraten. Auch was die Fahrzeugausstattung anbelangte, zeigten sich die Konstrukteure alles andere als zurückhaltend. Allradantrieb, zwei Zapfwellen, 6-Gang-Reversiergetriebe sowie Servolenkung gehörten jedenfalls zum Standard des TerraTrac, der sich rasch bei Kommunen und Landwirten einiger Beliebtheit erfreute. Inzwischen hat Aebi die TerraTrac-Reihe in den höheren Leistungsbereich ausgebaut, ohne deshalb aber die Prinzipien der TerraTrac-Traktoren zu verändern.

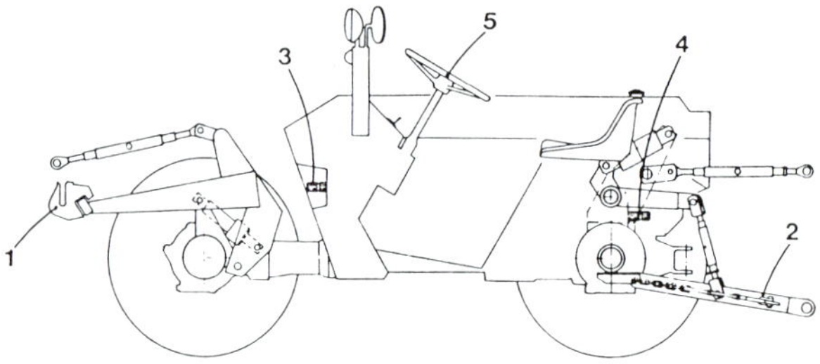


*Skizze des Aebi TerraTrac 77.*

*Breite Reifen und unerreicht niedriger Schwerpunkt sind Garanten für extreme Hangtauglichkeit des TerraTrac.*

*Aebi TerraTrac als selbstfahrender Mulcher auf dem Gelände der Universität Hohenheim.*

*TerraTrac 77 als selbstfahrende Mähmaschine in hängigem Gelände.*

# 1978
# KHD DX 140

## Kölner Meisterklasse

| Technische Daten | KHD DX 140 |
|---|---|
| Produktions-zeitraum | 1978–1980 |
| Motorleistung | 125 PS |
| Zylinder | 6 |
| Takt | 4 |
| Drehzahl | 2200 U/min |
| Gänge | 24/8 |
| Gewicht | 5935 kg |

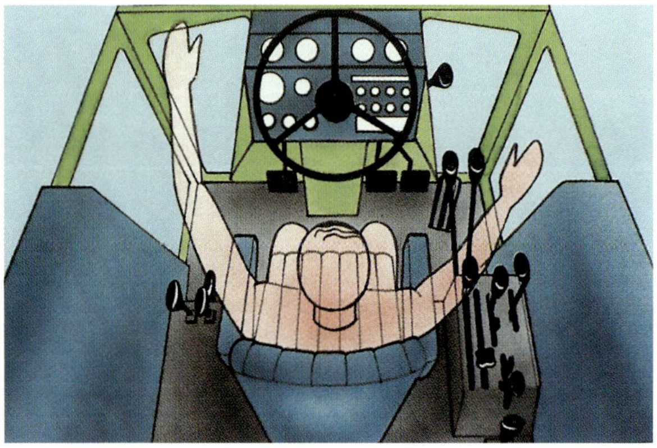

*Großzügige Kabine und gute Sicht nach vorn und zu den Seiten zeichneten die DX-Traktoren aus.*

Im Jahre 1978 gelang den Ingenieuren des Kölner Traditionsunternehmens KHD ein beachtlicher Wurf. Mit der DX-Reihe präsentierten sie Traktoren, die vom Motor über das Getriebe bis zur Karosserie neu entwickelt waren. Fünf verschiedene Modelle umfaßte die DX-Reihe, die den zuvor bei Deutz nur schwach oder gar nicht vertretenen Leistungsbereich zwischen 80 und 150 PS abdeckte. Zum Einbau kamen luftgekühlte Deutz-Motoren der Baureihen F5L 912 bzw. BF6L 913, die über 5 bzw. 6 Zylinder verfügten. Auch bei den Getrieben griff man zumindest für die kleineren Modelle DX 85, DX 90 und DX 110 auf Eigenentwicklungen zurück. Es handelte sich um vollsynchronisierte Gruppenschaltgetriebe, mit denen ein Geschwindigkeitsbereich zwischen 0,2 und 30 km/h abgedeckt wurde. Bei den beiden großen Modellen DX 140 und DX 160 setzte KHD dagegen auf das Steyr-Getriebe TW 1200, das nicht zuletzt wegen der Lastschaltgruppe Powermatic Aufsehen erregte. Ohne die Kupplung zu betätigen, einzig durch Fingertipp, ließ sich so bei schweren Zugarbeiten die Geschwindigkeit des Schleppers verringern und zugleich die Zugkraft steigern. Auch bei der Kabine hatte KHD neue Wege beschritten. Unter der sicher gewöhnungsbedürftigen Bezeichnung „MasterCab" stand eine Fahrzeugkabine zur Verfügung, die Geräusch gedämpft und Staub isoliert war. Auch waren als Sonderwunsch Standheizung, Klimaanlage, getönte Scheiben und Heizung verfügbar, die dem Schlepperfahrer den Komfort eines LKW-Transports boten. Alles in allem fanden die DX-Traktoren eine gute Aufnahme. Mit ihnen etablierte sich KHD im Kreis der Marktführer bei den Großschleppern mit mehr als 100 PS Leistung.

*Auf vielen Betrieben übernahm der DX 140 die Rolle des gutmütigen Schwerarbeiters.*

*Zwei Deutz DX 140 bei der Häckselarbeit.*

*Werbung für die Familie des DX 140.*

*Einige Zeit war das Modell 1246 der stärkste von IH Deutschland in Neuss gebaute Traktor.*

1979

# IHC 1246

## Schwerarbeiter mit Reserven

| Technische Daten | IHC 1246 |
|---|---|
| Produktions-zeitraum | 1972–1980 |
| Motorleistung | 120 PS |
| Zylinder | 6 |
| Takt | 4 |
| Drehzahl | 2200 U/min |
| Gänge | 12/5 |
| Gewicht | 4800 kg |

Im Jahre 1979 neigte sich die beste Zeit des IH Großschleppers 1246 bereits dem Ende zu. Sieben Jahre lang hatte er zuvor als Spitzenmodell des Neusser Werks von International Harvester fungiert und während dieser Zeit zahlreiche Freunde gefunden, mehr jedenfalls, als die insgesamt gebauten 2639 Maschinen vermuten lassen. Vermutlich lag es an den Achtung gebietenden Abmessungen: Länge 4,62 m, Breite 2,11 m, Höhe 2,65 m, die jedem Landwirt Respekt einflößten, wenn er den 1246 zu Gesicht bekam. Aber nicht nur das Aussehen des IH 1246 beeindruckte. Vor allem war es die Leistung, die für den IH 1246 sprach. 120 PS standen im Dauereinsatz zur Verfügung und wenn es 10 PS mehr sein sollten, dann schadete es auch nicht. Kraft war hinreichend vorhanden, stammte sie doch aus dem mit Direkteinspritzung und Abgas-Turbolader ausgestatteten 6 Zyl.-IH-Dieselmotor DT 358. Sein Haupteinsatzgebiet waren Baumaschinen und Lastkraftwagen, wo er zumindest in der Spitze anders, härter, herangenommen wurde. Für den Schleppereinsatz hatte man ihn dagegen stark gedrosselt und so mit zusätzlichen Reserven versehen, die der Landwirt dankbar akzeptierte. Robust war auch das Getriebe gehalten. Vollsynchronisiert, erlaubte es 12 Vorwärts- und 5 Rückwärtsgänge, die auf Wunsch um eine Kriechganggruppe ergänzt werden konnten. Mit 16 Vor- und 7 Rückwärtsgängen konnte nun ein Geschwindigkeitsbereich von 0,65 bis 29,80 km/h abgedeckt werden. Ab 1980 wurde der 1246 durch das 125 PS starke IH-Modell 1255 abgelöst, das sich nochmals 10 Jahre im IH-Programm halten konnte.

*Umriss des IH 1246.*

Der IH 1246 wirkte durch seine ansprechende Form und seine grundsolide technische Ausstattung als Botschafter für den Großschlepper.

IH 1246 auf der Fahrt zum Kunden – Verladung beim IH-Händler Mayer, Neu-Ulm.

Frontpartie des IH 1246.

Fendt Farmer 308 LS mit 78 PS bei der Bodenbearbeitung.

## 1980

# Fendt Farmer 308 LS

## Publikumsliebling mit Potenzial

| Technische Daten | Fendt Farmer 308 LS |
|---|---|
| Produktions-zeitraum | 1980–1986 |
| Motorleistung | 78 PS |
| Zylinder | 4 |
| Takt | 4 |
| Drehzahl | 2350 U/min |
| Gänge | 15/4 |
| Gewicht | 3625 kg |

Das Jahr 1980 zählt zu den schwierigen in der Fendt-Geschichte. Einige Modelle wie die Reihe 100 waren in die Jahre gekommen und da der Schleppermarkt ohnehin schrumpfte, traf Fendt die Misere doppelt. Doch wo viel Schatten ist, da ist meist auch Licht und dieses Licht bestand bei Fendt in der Vorstellung der neuen Farmer 300 LS Reihe. Sie bestand zunächst aus den vier Modellen 305 LS (62 PS), 306 LS (70 PS), 308 LS (78 PS) und 309 LS (86 PS), die allesamt dem gehobenen Mittelfeld zuzurechnen waren. Mit technischen Merkmalen wie den neu entwickelten, kraftstoffsparenden Motoren von MWM, den Vollsynchron-Feinstufengetrieben mit Overdrive und den schwingungsisolierten Fendt-Kabinen gaben sie den Landwirten das Gefühl, dass das Motto: „Wer Fendt fährt führt" ungebrochene Gültigkeit besaß. Als bemerkenswert wurde ferner die Möglichkeit eingestuft, bei den Farmer 300 Traktoren die sonst üblichen Zapfwellendrehzahlen 540 und 1000 U/min durch die Kombination 540 und 750 U/min zu ersetzen. Damit war der Einstieg in die „Dreifach-Zapfwelle" gemacht, die ein verbrauchsgünstigeres und vor allem geräuscharmeres Arbeiten mit dem Traktor ermöglichte. Doch so wichtig jeder dieser Fortschritte im einzelnen auch war, das wirklich Besondere am Farmer 300 bestand in seinem gewaltigen Potenzial. Wie nur wenige Schlepperreihen erwiesen sich die einzelnen Farmer 300 Modelle durchweg als überaus entwicklungsfähig. 1993 zum Beispiel gelangten wassergekühlte Deutz-Motoren mit Turbolader zum Einbau, avancierte der Allradantrieb zum Standard, kam die elektrohydraulische Dreifach-Splitschaltung und wurde die Lenksäule verstellbar. Der Farmer 300 hatte sich wieder einmal verändert, ohne allerdings dabei sein bewährtes, geschätztes Gesicht zu verlieren.

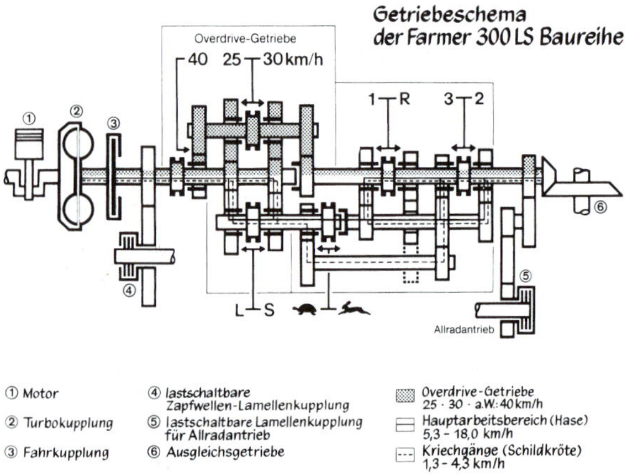


Fendt Farmer 300 LS Baureihe Getriebeschema.

*Der Fendt Farmer 308 zählte über Jahre zu den beliebtesten Traktoren Deutschlands.*

*Ohne jeden Schnörkel: Armaturen des Fendt Farmer 308.*

*Frontpartie eines Fendt Farmer 306.*

# 1981–1990

# Auf dem Weg zum Drittschlepper

Zu Beginn der 1980er Jahre befand sich der Traktorenbestand in Deutschland im Zenith. 1,6 Millionen Zugmaschinen waren angemeldet, darunter rund 145 000 in der DDR. Die Konsolidierung des Schlepperbestands auf hohem Niveau wurde erreicht bei weiter zurückgehenden Neuzulassungen, die sich ab 1988 bei knapp über 30 000 Zugmaschinen pro Jahr eingependelt hatten. Im Inland kam die stärkste Traktorennachfrage wie schon seit Jahrzehnten aus Bayern vor Niedersachsen und Baden-Württemberg. Anders gestaltete sich die Situation dagegen bei der Neuzulassung von Großtraktoren. Hier rangierte Niedersachsen vor Bayern und Nordrhein-Westfalen, während Schleswig-Holstein und Baden-Württemberg auf den Plätzen vier und fünf folgten.
Vorbei war die Zeit des Einzeltraktors. Immer häufiger standen dem Landwirt zumindest auf leistungsstarken Betrieben drei und mehr Traktoren zur Verfügung, die in Abhängigkeit von der zu bewältigenden Arbeit eingesetzt wurden. Als Regel galt, dass der stärkste Traktor zugleich der neueste war. Seinem Leistungsvermögen entsprechend, oblagen ihm die schwersten Arbeiten, vor allem bei der Bodenbearbeitung und der Gülleausbringung. Leichte Transporte und Pflegearbeiten fielen dagegen häufig in den Zuständigkeitsbereich der auf zahlreichen Betrieben nach wie vor vorhandenen kleinen Konfektionsschlepper der 1950/60er Jahre. Einigermaßen pfleglich behandelt, erwiesen sie sich als unverwüstlich und hielten das durchschnittliche Traktorenalter bei beachtlichen 17 Jahren. Personenwagen kamen im Vergleich auf ein Durchschnittsalter von 11 Jahren, was vielerorts als Zeichen für die Robustheit alter Traktoren gewertet wurde.

Kaum anders als in Deutschland sah das Traktorengeschehen auch in der übrigen industrialisierten Welt aus. In den meisten Ländern stagnierte die Traktorennachfrage und dort, wo die landwirtschaftliche Motorisierung nach wie vor in den Anfängen steckte, fehlte es an Geld. Einer der Global Player des Traktorenmarktes, die traditionsreiche International Harvester Company, geriet durch die Unwägbarkeiten des Weltmarktes und Managementfehler in eine tiefe Krise, die mit der Übernahme des Unternehmens durch den damals zur Tenneco-Gruppe zählenden Wettbewerber Case endete. Da hatte auch die feierliche Auslieferung des 5 Millionsten Traktors nicht mehr helfen können, selbst die erfolgreich operierenden Tochterunternehmen in Frankreich und Deutschland gerieten mit in den Strudel hinein.
Weniger dramatisch fielen die Unternehmenszusammenbrüche von Eicher, Lamborghini und Hürlimann aus. Bei den beiden letzten Traditionsunternehmen stand mit SAME ein solider Partner bereit, der den übernommenen Unternehmen sogar ein gewisses Eigenleben beließ. Völlig aus dem Rahmen fielen dagegen die Geschicke von Eicher. Erstmals in der Traktorengeschichte engagierte sich mit Eicher Goodearth eine in Indien ansässige Unternehmenstochter beim Mutterunternehmen, um dieses zu sanieren. Als dies nicht funktionierte, traten die Händler von Eicher-Traktoren auf den Plan. Sie finanzierten eine Auffanggesellschaft, doch ein Erfolg von Dauer war auch ihrem Engagement nicht beschieden.
Wo Schatten ist, da ist auch Licht, heißt es im Volksmund. So lieferte John Deere Deutschland 1984 den 750 000. in Mannheim gebauten Traktor aus. Der bayerische Traktorenhersteller Fendt wurde 1985 erstmals Marktführer auf dem deutschen Schleppermarkt und Caterpillar nahm 1987 nach Jahren der Abstinenz von der Landwirtschaft erneut die Produktion von großen Ackerraupen auf. Renault dagegen hatte es vor allem der Traktorist angetan. Die 1987 vorgestellte weich gefederte und schwingungsgedämpfte Kabine geriet zum Trendsetter und animierte die Konkurrenz zu verstärkten Anstrengungen auf dem Sektor Fahrkomfort. Einen richtigen Knaller aber hielt erneut Anton Schlüter bereit. Der Euro Trac sollte Traktor und Geräteträger, Zwei-Wege-Trac und Systemschlepper in einem sein. Seine Präsentation auf der ebenfalls in der 1980er Jahren neu geschaffenen Agritechnica geriet zu einem einzigartigen Spektakel, das alle, die 1989 mit dabei waren, nicht vergessen werden.

1981

# IH 3588

*International 3588, ein 180 PS Ackergigant mit der Wendigkeit eines Hinterachs-Traktors.*

## Ackergigant mit Kultstatus

| Technische Daten | IH 3588 |
|---|---|
| Produktions-zeitraum | 1978–1981 |
| Motorleistung | 180 PS |
| Zylinder | 6 |
| Takt | 4 |
| Drehzahl | – |
| Gänge | 16/8 |
| Gewicht | 7500 kg |

Einen wahrlich ungewöhnlichen Traktor hatten sich die IH-Ingenieure da Ende der 1970er Jahre ausgedacht! Vier gleich große Räder, Allradantrieb, Knicklenkung und ein weit nach vorn über die Vorderachse hinaus reichender Motorblock sollten dem Traktor die Kraft eines Superschleppers, das Fahrverhalten eines Standardtraktors und die Wendigkeit eines Kleinschleppers geben. Traktorexperten sprachen angesichts dieser Vorgaben von der Quadratur des Kreises, doch irgendwie gelang es. Zwar fiel das Aussehen des IH 3588 völlig aus dem Rahmen, aber alle Demonstrationen zeigten, dass die Gewichtsverteilung stimmte, die Bodenhaftung kaum besser sein konnte und auch die Formgebung ansprach. Aus konstruktiver Sicht war ein bemerkenswerter Wurf gelungen, der trotz des seinerzeit beachtlichen Listenpreises des Traktors in Höhe von 51 300 US-Dollar bei den Farmern auf großes Interesse stieß. Aber irgendwie fehlte dem IH 3588 das Fortune. Kaum war seine Vorstellung erfolgt und die Produktion in Gang gekommen, da geriet International Harvester in den Strudel eines der teuersten Streiks der US-Geschichte. Über ein halbes Jahr legten 35 000 Beschäftigte die Arbeit nieder und leiteten damit das Ende der Selbstständigkeit des Landtechnikmultis IHC ein. Auch für das Modell 3588 kam 1981 die Produktionseinstellung. Inzwischen aber ist der Traktor, von dem kaum eine Handvoll den Weg nach Deutschland gefunden hat, in den USA zum „Kultfahrzeug" avanciert. Wie in Deutschland für die frühen Lanz Bulldogs hat sich in den USA für den IH 3588 und seine beiden Schwestermodelle 3388 und 3788 eine regelrechte Fan-Gemeinde gebildet.

*Mit seinem weit nach vorn gelegten Motor fiel der IH 3588 Traktor aus dem Rahmen des Üblichen.*

*Nach anfänglich zögernder Aufnahme genießt der IH 3588 in den USA inzwischen Kultstatus.*

*Vor allem Großbetriebe und Lohnunternehmen entschieden sich für den International 3588.*

1982

# Renault TX 113/14

*Die auf dem französischen Markt fast unschlagbaren Renault TX-Traktoren taten sich bei Deutschlands Bauern schwer.*

## Auf die Kabine kommt es an

| Technische Daten | Renault TX 113/14 |
|---|---|
| Produktionszeitraum | 1981–1993 |
| Motorleistung | 103 PS |
| Zylinder | 6 |
| Takt | 4 |
| Drehzahl | 2350 U/min |
| Gänge | 12/12 |
| Gewicht | 5220 kg |

1981 stellte Renault eine neue Traktorenbaureihe vor, die sechs Modelle mit Motorleistungen zwischen 84 und 135 PS umfasste. Die Motoren stammten sämtlich von MWM und waren bei den drei Modellen bis 100 PS als 4 Zyl.-Dieselmotoren und bei den 3 Typen über 100 PS als 6 Zyl.-Motoren ausgelegt. Aufgebaut waren sie nach dem Modulprinzip, welches besagte, dass von einer einzelnen Zylindereinheit ausgehend ein ganzes Programm von Motoren mit abgestuften Leistungen hergestellt wurde. Ähnlich sah es bei den von Renault selbst entwickelten und fabrizierten Getrieben aus. In allen sechs Modellen verfügten sie in der Standardversion über 12 Vorwärts- und 12 Rückwärtsgänge, die als Sonderwunsch um eine 4/4 Kriechganggruppe ergänzt werden konnten. Von Renault stammte ferner die Unterlenker-Hydraulik Tracto-Control. Über sie ließen sich mechanisch-hydraulisch der Zugwiderstand, die Lage sowie eine Kombination von beidem steuern. Besonders stolz aber war man bei Renault auf die in der TX-Reihe eingebaute neue Kabine. Als Monoblock ausgeführt hatte man sie auf vier Vibrationsdämpfer gelagert und dadurch eine beachtliche Geräuschreduktion erreicht. Großen Aufwand hatte man ferner auf den Innenraum, auf Heizung und Belüftung sowie die Sichtverhältnisse gelegt. Sollte eine Reparatur nötig werden, dann konnte die Kabine hochgeklappt werden und gab den Weg frei zu den Hauptteilen, ohne dass die Verbindung zu Lenkung, Heizung, Kühlung und Batterien unterbrochen werden musste. Das TX-Konzept erwies sich als so erfolgreich, dass es 1983 Pate stand für die ebenfalls neu konzipierten Traktoren der 70 PS-Klasse, die die Kennzeichnung TS erhielten.

*Mit der Serie TS wurde TX Technik in der kleinen Renault-Klasse heimisch.*

Parade funkelnagelneuer Renault-TX-Modelle auf dem Landwirtschaftlichen Hauptfest zu Stuttgart.

Renault TX mit Frontmähwerk und abgehängtem Claas Sprint Ladewagen.

Werbung für die Renault Serie TX.

## 1983

# Steyr 8300/8300 A

*Der Steyr 8300 war 1983 der größte Traktor Österreichs.*

## Der Zeit um Jahre voraus

| Technische Daten | Steyr 8300/8300A |
|---|---|
| Produktions-zeitraum | 1981–1993 |
| Motorleistung | 260 PS |
| Zylinder | 6 |
| Takt | 4 |
| Drehzahl | 2400 U/min |
| Gänge | – |
| Gewicht | 5150 kg |

Als neues Mechanisierungssystem stellten die beiden österreichischen Landmaschinenhersteller Steyr und Pöttinger das Trägerfahrzeug 8300 vor. Mit ihm sollte das Dilemma der überschweren landwirtschaftlichen Einzweckmaschinen überwunden und Bodenschonung praktiziert werden. Zu diesem Zweck wurde hohe Motorleistung mit geringem Eigengewicht kombiniert, was möglich war, da der Steyr 8300 alles, nur kein Zugtraktor sein sollte. Das Fahrzeug sollte vielmehr seine reichlich vorhandene Kraft über Zapfwellen und Hydraulikanschlüsse an Anbaumaschinen abgeben, mit denen dann gehäckselt und gefräst, geeggt und gemäht werden sollte. Das Fahrzeug selbst verfügte über einen Steyr 6-Zyl.-Dieselmotor mit Direkteinspritzung, der es ohne Turboaufladung auf 200 PS und mit Turboaufladung auf 260 PS brachte. Im Steyr LKW leistete er übrigens 280 PS und zeichnete sich immer noch durch vorhandene Reserven aus. Der Fahrantrieb erfolgte hydrostatisch über ein nachgeschaltetes Dreiganggetriebe. In beide Fahrtrichtungen konnte die Fahrgeschwindigkeit stufenlos geregelt werden und zwar innerhalb der Stufe I von 0 bis 7 km/h, innerhalb der Stufe II von 0 bis 14 km/h und innerhalb der Stufe III von = 0 bis 30 km/h. Die Übertragung der Motorkraft auf die trieb- und lenkachsseitigen Zapfwellen erfolgte über 6fach-Keilriemen-Powerband, das zugleich als Kupplungselement fungierte. Allerdings waren der Vielseitigkeit des 8300 in der Praxis Grenzen gesetzt. Seine beste Wirksamkeit ereichte die Maschine zusammen mit dem von Pöttinger, Grieskirchen, entwickelten Feldhäcksler. In dieser Kombination als „Mex-Mobil" bezeichnet, zählte der Steyr 8300 zu den frühen selbstfahrenden Feldhäckslern und war der Zeit um etliche Jahre voraus.

*Skizze des Steyr Geräteträgers 8300.*

*Steyr 8300 mit Front angebautem Feldhäcksler von Pöttinger.*

*Als selbstfahrender Feldhäcksler konnte der Steyr 8300 seine Stärken besonders gut zeigen.*

*Auf dem Landwirtschaftlichen Hauptfest zu Stuttgart war der Steyr 8300 einer der größten ausgestellten Traktoren.*

1984

# Fiat
# 180-90 DT

*Schriftzug an der Haube des Fiat 180-90.*

## Italienisches Kraftpaket

| Technische Daten | Fiat 180-90 DT |
|---|---|
| Produktions-zeitraum | 1984–1994 |
| Motorleistung | 180 PS |
| Zylinder | 6 |
| Takt | 4 |
| Drehzahl | 2200 U/min |
| Gänge | 16/16 |
| Gewicht | 7050 kg |

*Blick in das Innenleben eines Fiat 180-90 DT.*

1984 nutzte der größte Traktorenhersteller Europas, die italienische Fiatagri, die Frankfurter DLG-Ausstellung als Forum zur Vorstellung einer neuen, neun Modelle umfassenden Traktorenreihe. Zwischen 55 und 180 PS leisteten die als Serie 90 bezeichneten Zugmaschinen, die erstmals unter dem Namen Fiatagri und mit dem Logo eines stilisierten Blattes auf den Markt kamen. Auslöser für die Trennung vom traditionellen Namen Fiat war die Übernahme der bekannten Landmaschinenhersteller Laverda und Hesston in den Fiat-Verbund, der sich anschickte, ein Full-Liner zu werden. Als Spitzenmodell des Fiatagri-Verbunds fungierte der Traktor 180-90 DT, der von dem mächtigen 6 Zyl.-Turbomotor 8365 mit über 8,1 Litern Hubraum angetrieben wurde. Zur Kraftübertragung standen mehrere Varianten zur Auswahl. In der Standardversion gab es ein vollsynchronisiertes Gruppenschaltungsgetriebe mit 12 Vorwärts- und 4 Rückwärtsgängen. Für Spezialeinsätze stand auf Wunsch ein Kriechganggetriebe zur Verfügung, welches insgesamt auf 24 Vorwärts- und 8 Rückwärtsgänge ausgelegt war. Für Technikbegeisterte stellte Fiatagri schließlich noch ein 16/16 Power-Shift-Getriebe zur Wahl. Dabei handelte es sich um eine vierstufige Lastschaltung, die es dem Fahrer erlaubte, in der Stufe unter Last ohne Kupplungsbetätigung nach Herzenslust zu schalten. Neu am 180-90 DT war ferner die CS-Kabine. Sie reduzierte den Geräuschpegel auf 79,5 dB(A), bot ein 3-stufiges Belüftungs- und Heizungssytem, enthielt eine Flutlichtanlage mit 2 Scheinwerfern nach vorn und hinten und gestattete schließlich den Radio- und Lautsprechereinbau.

Der Fiat Traktor 180-90 ließ die gute Handschrift der italienischen Stylisten erkennen.

Fiat 180-90 mit Zwillingsbereifung als überbreiter Blickfang auf dem ZLF München.

Werbung für den Fiat Traktor 180-90 DT.

## 1985

# Ford TW 35

*Der Ford TW 35 setzte bei der Pflugarbeit neue Maßstäbe.*

| Technische Daten | Ford TW 35 |
|---|---|
| Produktionszeitraum | 1983–1990 |
| Motorleistung | 186 PS |
| Zylinder | 6 |
| Takt | 4 |
| Drehzahl | 2200 U/min |
| Gänge | 16/4 |
| Gewicht | 7120 kg |

*Von Ford selbst stammten die Motoren der TW-Traktoren.*

## Für nordamerikanische Farmen konzipiert

Im Jahre 1979 startete Ford in Dearborn (USA) den Bau der TW-Traktoren, einer aus drei Typen bestehenden Reihe von Großtraktoren, mit denen insbesondere der landwirtschaftliche Großbetrieb angesprochen werden sollte. Ford 6-Zyl. Motoren leisteten beim Modell TW 10 127 PS, beim TW 20 145 PS und beim Modell TW 30 176 PS. Die Leistungssteigerung wurde bewirkt durch die Hinzufügung eines Abgasturboladers (TW 20; TW 30) sowie eines Ladeluftkühlers (TW 30). Übertragen wurde die Kraft bei allen TW-Traktoren durch das lastschaltbare 14/4 Ford Dual Power-Getriebe, welches gutem Standard entsprach. Sein besonderer Fortschritt bestand in einem Fußschalter, über den der Schlepperfahrer die Zugkraft steigern und gleichzeitig die Vorschubgeschwindigkeit senken konnte. Bei erneutem Betätigen des Fußpedals schaltete das Getriebe dann wieder in den normalen Gang. Eine Weiterentwicklung der TW-Traktoren fand im Jahre 1983 statt. Aus dem Ford TW 10 wurde das Modell TW 15 mit nunmehr 132 PS Leistung, aus dem TW 20 das Modell TW 25 mit 154 PS und das bisherige Ford Spitzenmodell TW 30 avancierte zum TW 35 mit 186 PS. Auch beim Getriebe wurde Detailarbeit geleistet. Der Dual-Power-Antrieb erlaubte nun 16 Vorwärts- und 4 Rückwärtsgänge, war also noch etwas weiter differenziert worden. In Nordamerika stieß der TW 35 auf gute Resonanz bei den Farmern, während sich der Zuspruch in Deutschland mit einem guten Dutzend pro Jahr neu zugelassener TW 35 Traktoren in engen Grenzen hielt.

Ford TW 35,
Gesamtansicht.

Neben den für nordamerikanische Farmen konzipierten TW-Traktoren wirken die Menschen klein.

Werbung für
Ford TW-Traktoren.

## 1986

# Kirovets 700/700 A

*„Gnadenbrot“ für einen in die Jahre gekommenen K 700 Knicklenker.*

## Pflugschlepper der gehobenen Sorte

| Technische Daten | Kirovets 700/700 A |
|---|---|
| Produktionszeitraum | 1967–1989 |
| Motorleistung | 225 PS |
| Zylinder | 8 |
| Takt | 4 |
| Drehzahl | 1800 U/min |
| Gänge | 16/8 |
| Gewicht | 12 900 kg |

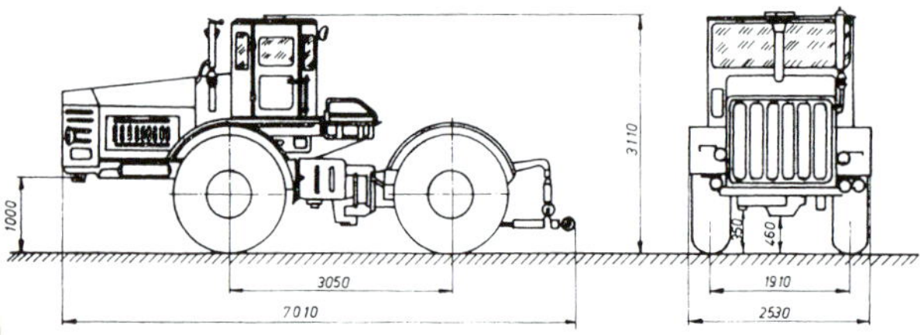


*Zweiseit-Ansicht des K 700.*

Von allen Radschleppern der ehemaligen Sowjetunion war der in Leningrad, dem heutigen Sankt Petersburg, gebaute K 700 der stärkste. „Landwirtschaftstraktor für allgemeine Zwecke“, lautete seine offizielle Bezeichnung, doch zeigte sich rasch, dass schwere Pflugarbeit die besondere Spezialität des K 700 war. Denn Kraft stand reichlich zur Verfügung. Dafür sorgte der wassergekühlte 8 Zyl.-Viertakt-Dieselmotor in V-förmiger Zylinderanordnung des russischen Motorenlieferanten Jaroslavl. Aufladung durch Abgasturbolader und Direkteinspritzung trugen mit dazu bei, dass sich der Kraftstoffverbrauch mit 172 g/PSh in einem vertretbaren Rahmen bewegte. Die Schaltung des Getriebes erfolgte über Schalthebel in Gruppen und besaß seinerzeit alle Züge der Fortschrittlichkeit. So konnte der K 700 unter Last geschaltet werden, was seine Eignung für schwere Arbeiten unterstrich. Hergestellt war der K 700 in Rahmenbauweise. Der aus zwei Teilen bestehende Rahmen bildete zugleich das Schlepperfahrgestell. Jede Rahmenhälfte stützte sich auf einer getriebenen Achse ab. Das Verbindungsgelenk der beiden Teilrahmen war um eine vertikale Achse drehbar und gewährleistete zum einen die Lenkbarkeit des K 700. Zugleich sorgte eine horizontale, in Fahrtrichtung liegende Drehachse dafür, dass die vier Räder jederzeit auf dem Boden blieben. Der Schleppergigant, der in einer Militärversion gelegentlich auch schon Raketen über den Roten Platz in Moskau zu ziehen hatte, erfreute sich über zwei Jahrzehnte in den Planungen der UdSSR-Ökonomen hoher Wertschätzung und wurde darüber hinaus in beträchtlichen Stückzahlen exportiert.

*K 700 A, 8 Zyl., 225 PS, bei einer Demonstration im Rahmen des Hohenheimer Feldtags.*

*K 700 A mit mächtiger Anbauvorrichtung für schwere Bodenbearbeitungsgeräte.*

*Der K 700 wurde zum wichtigen Wegbereiter der sozialistischen Landwirtschaft. Hier: K 700 der ehemaligen agra-Sammlung in Markkleeberg bei Leipzig.*

1987

# Horsch TerraTrac TT 352

Firmenzeichen von Horsch Maschinenbau.

## Riesen-Dreirad mit Terra-Reifen

| Technische Daten | Horsch TerraTrac TT 352 |
|---|---|
| Produktionszeitraum | 1987–2001 |
| Motorleistung | 405 PS |
| Zylinder | 6 |
| Takt | 4 |
| Drehzahl | 2100 U/min |
| Gänge | – |
| Gewicht | 9500 kg |

*Horsch-Dreirad mit mächtigem Zuchthammer-Tank als selbstfahrender Gülleausbringer um.*

Aus einem in den Nähe von Schwandorf gelegenen landwirtschaftlichen Betrieb entwickelte sich Anfang der 1980er Jahre das Maschinenbau-Unternehmen Horsch GmbH. Den Anfang machten die Bayern mit Sämaschinen, doch setzten bereits 1983 Vorbereitungen zum Bau eines Trägerfahrzeugs ein, das im wesentlichen vier Vorgaben erfüllen sollte: Schonendes Überfahren der Felder durch geringen Bodendruck; vielseitiger Einsatz durch großen Anbauraum und hohe Nutzlast; gute Wirtschaftlichkeit durch hohe Jahresnutzungsdauer und schließlich höchste Wendigkeit. Die Horschs entschieden sich bei der Verfolgung dieser Ziele für ein Dreiradfahrzeug mit extrem breiten Terra-Reifen, welches schon in der ersten, 1985 auf der Agritechnica vorgestellten Version über eine Motorleistung von 246 PS verfügte. Kraft war also reichlich verfügbar und dank des stabilen, großen Rahmens besaß das Fahrzeug eine hohe, über 15 Tonnen hinausgehende Nutzlast. Unschlagbar war der Horsch TerraTrac ferner hinsichtlich der Wendigkeit. Das Dreiradprinzip ermöglichte ein Drehen auf der Stelle und verkürzte so die Wendezeiten auf kleineren Schlägen. Vor allem im überbetrieblichen Einsatz fand der TerraTrac Freunde, die ihn als selbstfahrende Sämaschine, Allzwecktraktor, Mist- oder Düngerstreuer sowie als selbstfahrendes Güllefass einsetzten. In der Folge haben die Horschs den TerraTrac weiterentwickelt. In der Version des TT 352 wird er inzwischen von einem V 6 Dieselmotor mit einem Hubraum von über 12 Litern und 405 PS Leistung angetrieben. Der Fahrantrieb erfolgt hydrostatisch und ist für alle Geschwindigkeitsbereiche stufenlos. Auf modernstem Stand ist ferner die elektronische Gesamtsteuerung des Fahrzeugs, die höchsten Fahrkomfort bietet und auch die Anwendung von GPS zulässt.

*Auf dem bayerischen Versuchsbetrieb Grub ist das Beste gerade gut genug: Horsch-Dreirad mit extrembreiten Reifen zur Bodenschonung.*

*Heckpartie eines Horsch-Selbstfahrers.*

*Mit seinen mächtigen Spezialtraktoren stieß Horsch vor allem bei Lohnunternehmern und Maschinenringen auf großes Interesse.*

1988

# Same Explorer 60

## Allradkünstler auf hohem technischen Niveau

Nur wenige wissen die Abkürzung SAME richtig zu deuten, was allerdings der Wertschätzung der unter dieser Buchstabenkombination gebauten Traktoren keinerlei Abbruch tut. SAME steht für **S**oc. **A**cc. **M**otori **E**ndotermici, ein Unternehmen, das seit 1942 in Treviglio bei Mailand Traktoren baut. Anfangs spezialisierte man sich auf Kleinschlepper, doch schon in den 1950er Jahren war man mit Standardtraktoren gut im Geschäft. Da man bei SAME bemerkt hatte, dass sich technische Spezialitäten auszahlten, setzte man früher als die Konkurrenz auf Allradtraktoren, bis man in den 1960er Jahren im Rufe stand, der Spezialist für Allradschlepper zu sein. Aber dabei blieb man nicht stehen. Immer wieder gelangen den SAME Ingenieuren Innovationen, die die Konkurrenz so sehr herausforderten, bis sie schließlich zum Standard wurden. Dieser immer wieder gegebenen Technikführerschaft verdankt SAME seinen Jahrzehnte langen Erfolg, der das Unternehmen in die Lage versetzte, Wettbewerber wie Lamborghini, Hürlimann oder Deutz-Fahr zu übernehmen. Auch die aus sechs Typen mit Motorleistungen von 60 bis 88 PS bestehende Explorer-Reihe bot technisch anspruchsvolle Traktoren. So war das Getriebe mit 20 Vorwärts- und 20 Rückwärtsgängen reichlich abgestuft und konnte vollsynchronisiert geschaltet werden. Ohne Probleme erlaubte es Geschwindigkeiten bis 40 km/h und prädestinierte den Explorer 60 wie auch die anderen Traktoren der Reihe für längere Transportfahrten. Technisch aber noch interessanter war die im Explorer 60 installierte automatische Kontrollstation „Load sensing". Hydraulisch gesteuert, besorgte sie im Falle von Belastungsveränderungen die sofortige Positionskorrektur der im Heck angebauten Arbeitsgeräte. Das Ergebnis bestand in der Verringerung der Gleitursachen und einer Verbesserung der Bodenhaftung.

| **Technische Daten** | **Same Explorer 60** |
|---|---|
| Produktionszeitraum | 1987–1998 |
| Motorleistung | 60 PS |
| Zylinder | 3 |
| Takt | 4 |
| Drehzahl | 2500 U/min |
| Gänge | 20/20 |
| Gewicht | 2955 kg |

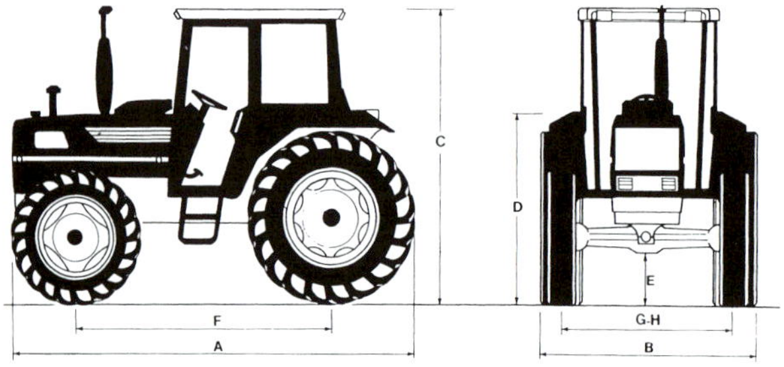


*Same Explorer, Zweiseit-Ansicht.*

*Werbung für Same Explorer 60 II.*

*Same Explorer auf einem Weizenfeld in der Normandie.*

*Same Traktor bei der Kartoffelernte im württembergischen Unterland.*

*Der Allradantrieb war eine Selbstverständlichkeit für die Same Explorer Traktoren.*

1989

# Schlüter Euro Trac 1300 LS

*Der letzte Schlüter Euro Trac in den Hallen von LTS in Schönebeck zusammen mit einem Schlüter „Bären" der Extra-Klasse.*

## Originell wie kaum ein Zweiter

| Technische Daten | Schlüter Euro Trac 1300 LS |
|---|---|
| Produktions-zeitraum | 1989–1995 |
| Motorleistung | 130 PS |
| Zylinder | 6 |
| Takt | 4 |
| Drehzahl | 2200 U/min |
| Gänge | 24/12 |
| Gewicht | 6700 kg |

1987 entschloss sich der Freisinger Traktorenhersteller Anton Schlüter, einen völlig neuen Trac Schlepper zu entwickeln. Das Fahrzeug sollte über vier An- und Aufbauräume, je zwei vor und hinter der Kabine, Allradantrieb, vier gleich große Räder, hydraulisch verschiebbares und ganz abnehmbares Gewicht zur gleichmäßigen Belastung der Hinter- und Vorderachse zur größtmöglichen Bodenhaftung sowie hydraulisch gefederte kippbare Kabine verfügen. 1989 erfolgte die Vorstellung des Prototyps auf der Frankfurter Agritechnica und stieß allseits auf großes Interesse. Aber dabei musste es zunächst bleiben, denn bis zur Serienproduktion vergingen weitere zwei Jahre. Erst 1991 wurde mit der Fertigung größerer Stückzahlen der Modelle 1300 LS, 1600 LS (160 PS) und 1900 LS (190 PS) begonnen, ohne dass deshalb aber die Gesamtzahl 100 hätte erreicht werden können. Auch als die Motorleistung geringfügig angehoben wurde, herrschte eine interessierte, aber abwartende Einstellung der Landwirte vor. An den einzelnen Bauteilen des Euro Trac konnte die Kaufzurückhaltung nicht liegen. Sie stammten durchweg von ersten Adressen der Traktorzulieferer. So kamen die Motoren von MAN, Getriebe, Hydraulik, Lenkung und Vorderachse von ZF, Ölpumpe und Elektrik von Bosch, die Kupplung von LUK und die Kabine von Fritzmeier. Um so erstaunlicher war. dass es Schlüter unter maßgeblicher Beteiligung von Oberingenieur Siegfried Leutner gelang, aus den verschiedenen Bauteilen ein beeindruckendes Ganzes zu bauen. Die Faszination, die vom Euro Trac Konzept ausging, war so groß, dass LTS in Schönebeck 1993 einige Zeit versuchte, dem Euro Trac auch nach der Schließung des Schlüterwerks eine Zukunft zu geben. Doch auch hier fehlte das Fortune, so dass letzte Euro Tracs 1995 montiert wurden.

*Schlüter Euro Trac-Geräteträger mit 4 An- und Aufbauräumen.*

Von der in der Fahrzeugmitte angeordneten Kabine aus hatte der Fahrer eine hervorragende Sicht auf die Anbauräume des Euro Trac.

Euro Trac als Vorführmaschine mit Grubber und Zinkenrotor.

Mit einem Stand auf dem Landwirtschaftlichen Hauptfest 1992 verabschiedete sich Schlüter von den schwäbischen Bauern und zeigte noch einmal einen Euro Trac.

*Aufkleber mit dem Deutz-Fahr-Traktoren-Programm.*

## 1990

# KHD AgroStar 6.11

| Technische Daten | KHD AgroStar 6.11 |
|---|---|
| Produktions-zeitraum | 1990–1996 |
| Motorleistung | 100 PS |
| Zylinder | 6 |
| Takt | 4 |
| Drehzahl | 2300 U/min |
| Gänge | 18/6 |
| Gewicht | 4540 kg |

*Ansprechende Gestaltung und Anordnung der Bedienelemente in der geräuscharmen AgroStar-Kabine.*

## Kraftvoll und dennoch leise

1989 überraschte Klöckner Humboldt Deutz auf der Agritechnica mit der Vorstellung einer aus den DX-Traktoren hervorgegangenen neuen Traktorenfamilie „AgroStar". Anfangs waren sich die Deutzer ihrer Sache noch nicht ganz sicher und kombinierten die Bezeichnungen DX und AgroStar, doch bald schon zeigte sich die Eigenständigkeit des neuen Produkts. So beließ man es fortan bei AgroStar und fügte zur Kennzeichnung der einzelnen Typen Ziffernkombinationen an. Kleinster AgroStar war das Modell 4.61 mit 88 PS, während der Typ 6.11 mit einem 6 Zyl.-Motor und 100 PS Leistung in der Mitte des AgroStar-Programms platziert war. Als Spitzenmodell fungierte zunächst der 143 PS starke Typ 6.61, der zuletzt aber noch von weiteren Modellen bis hinauf zum Typ 8.31 mit 230 PS übertroffen wurde. Zu den Kennzeichen der AgroStar-Schlepper zählten vor allem die völlig neu gestaltete Kabine, die einige Zeit für sich in Anspruch nehmen konnte, die leiseste Traktorkabine der Welt zu sein: Der Test nach den strengen OECD-Bedingungen hatte am Fahrerohr einen Geräuschpegel von 72,5 dB(A) ergeben! Fortschrittlich gelöst war ferner die Anordnung der Bedienelemente. Hauptsächlich in der rechten Konsole zusammengefasst, nahmen sie nur wenig Raum in Anspruch und boten zusätzlich ausführliche elektronische Fahrerinformationen. Aber nicht nur auf dem Sektor des Fahrkomforts setzten die AgroStar-Traktoren Maßstäbe. Unter der Bezeichnung Powermatic stand ein auf 48 Vorwärts- und 24 Rückwärtsgänge ausgelegtes Lastschaltgetriebe zur Verfügung, mit dem ein Geschwindigkeitsbereich von 0,4 bis 40 km/h abgedeckt werden konnte.

Deutz-AgroStar mit Zwillingsbereifung.

Deutz-Fahr AgroStar in der Variante des DX 6.31 Turbo mit 120 PS bei der Feldarbeit.

Das Deutz-Fahr AgroStar-Programm, Werbung.

# 1991–2001

# Traktoren im Zeichen der Wende

Nichts hat die deutsche Landwirtschaft nach dem 2. Weltkrieg so verändert wie der Vertrag zur deutschen Einheit vom 3. Oktober 1990. Einem Orkan gleich, der tosend über das Land hinweg fegt und binnen kürzester Frist veränderte Bedingungen schafft, brachte er für die Landwirtschaft in West und Ost neue Voraussetzungen. Denn beinahe von heute auf morgen stand die westdeutsche, auf den Familienbetrieb ausgerichtete Landwirtschaft gleichrangig neben der nach industriellen Vorgaben arbeitenden DDR-Agrarproduktion. Konkret bedeutete dies, dass 630000 Betriebe Westdeutschlands in ein Boot zu bringen waren mit gerade einmal 4500 Produktionseinheiten der einstigen DDR. Ging es im Westen um Durchschnittsgrößen von über 20 Hektar, so standen im Osten 4600 Hektar je Produktionseinheit zur Verfügung.
Der Anpassungsvorgang verlief überaus schmerzlich und ist keineswegs abgeschlossen. Im Westen ging er einher mit Betriebsaufgaben: Tag um Tag schlossen zwischen 1991 und 2001 an die 60 landwirtschaftliche Betriebe für immer die Tore! In den neuen Bundesländern ging es dagegen um die Neuschaffung von lebensfähigen Betrieben, die als Einzelbetriebe, Genossenschaften oder Kapitalgesellschaften organisiert sein konnten. Rund 30 000 Einheiten sind so entstanden, die sich schon bald durch Leistungsfähigkeit und Wirtschaftskraft auszeichneten. Bei den Traktoren entfachten sie sogar eine Sonderkonjunktur, fragten sie doch entweder Zugmaschinen der absoluten High Tech-Klasse oder robuste Sparschlepper nach. Die Zulassungsrangliste erhielt jedenfalls ein verändertes Gesicht. Anbieter von Traktoren mit mehr als 200 PS waren ebenso die Nutznießer wie die osteuropäischen Hersteller Belarus, Kirovets und Zetor.

Und mit PS allein aber gaben sich die Bewirtschafter von landwirtschaftlichen Großbetrieben sowie die immer einflussreicher werdenden Lohnunternehmer nicht zufrieden. Sie verlangten sparsame und geräuscharme Motoren, extrem abgestufte und zudem unter Last schaltbare Getriebe, hohen Bedienerkomfort und eine Bereifung, die trotz hoher Fahrzeuggewichte keine Bodenschäden verursachte. Jede dieser Forderungen setzte ganze Konstrukteursabteilungen in Bewegung, weshalb immer neue Absprachen zwischen konkurrierenden Herstellern stattfanden. Der Bogen der in den 1990er Jahren eingegangenen Partnerschaften reichte dabei von John Deere und Renault bis hin zu Valmet, Steyr und MF. Doch die ultimative Lösung war dies nicht. Übernahmen ganzer Firmen schienen geeigneter, das in den einzelnen Unternehmen vorhandene Potenzial in einem größeren Unternehmensverbund nutzbar zu machen. So kam es im Laufe der 1990er Jahre zum Zusammenschluss von Ford und Fiat unter dem Zeichen von New Holland, von Fendt und MF unter dem Zeichen von AGCO, von SAME und Deutz-Fahr unter der Führung von Same, von Case und Steyr unter der Führung von Case.
Und selbst dies reichte den Strategen des Traktorenmarktes nicht. Unter dem Kürzel CNH wurden inzwischen die Aktivitäten von Case und New Holland zusammengefasst, denn die umfassende Bündelung der Kräfte scheint gleich zweifach notwendig zu sein. Zum einen gelten im internationalen Konzert andere Maßstäbe. Allein der indische Traktorenmarkt beläuft sich derzeit pro Jahr auf etwa 280 000 Einheiten und ist damit um rund 100 000 Einheiten größer als der aller westeuropäischen Länder gemeinsam.
Zum anderen sind die technischen Entwicklungen immer teurer geworden und erfordern ein hohes Investitionsvolumen. Man denke nur an die Entwicklung von stufenlos leistungsverzweigten Getrieben, die 1996 erstmals von Fendt im Favorit 926 Vario zur Serienreife gebracht wurden, inzwischen in anderer Form aber auch von Claas, Case und Deutz-Fahr in ihre Traktoren eingebaut werden. Aufwendig war ferner die Entwicklung gefederter Vorderachsen. Sie erst machen Fahrgeschwindigkeiten von bis zu 50 km/h möglich und finden sich heute bei den meisten Anbietern realisiert. JCB ist mit dem Fastrac sogar über die 50 km/h Grenze hinaus gegangen. Autobahntauglich, d. h. 80 km/h schnell, sind diese Traktoren, die überall dort gute Nachfrage finden, wo lange Transportwege zu meistern sind. Und genau so verhält es sich auf allen Feldern des Traktorenbaus. Alles ist voller Dynamik, nichts ist abgeschlossen. Traktoren Highlights wird es auch in Zukunft geben!

Der Terra-Gator bringt es als „selbstfahrender Stallmiststreuer" auf eine Arbeitsbreite von bis zu 36 Metern.

1991

# Ag Chem Terra-Gator 2505

## Echse auf fünf Rädern

| Technische Daten | Ag Chem Terra-Gator 2505 |
|---|---|
| Produktions-zeitraum | 1991 bis heute |
| Motorleistung | 355 PS |
| Zylinder | 6 |
| Takt | 4 |
| Drehzahl | 2100 U/min |
| Gänge | 18/4 |
| Gewicht | 11 548 kg |

Ein Traktor im herkömmlichen Sinne ist der Terra-Gator nicht. Es handelt sich bei ihm vielmehr um eine schwere selbstfahrende Arbeitsmaschine, die mit unterschiedlichen Aufbauten zum Düngerausbringen, Jaucheausfahren und zum Spritzen von Pflanzenschutzmitteln geeignet ist. Mit kleinen Dimensionen gibt sich der Terra-Gator nicht zufrieden. Stets geht es um etliche hundert PS und unter 10 Tonnen tut sich auch nicht viel. Der Terra-Gator ist nun einmal für den Großbetrieb oder den überbetrieblichen Einsatz ausgelegt. Dort aber findet er seine Käufer. Seit dem Bau des ersten Terra-Gator im Jahre 1973 sind weltweit über 10 000 der überschweren Fahrzeuge verkauft worden, wobei in Europa die niederländischen Landwirte eine besondere Sympathie für die Terra-Gatoren entwickelt haben. Hersteller der Terra-Gator-Fahrzeuge ist das 1963 von A.E. McQuinn in Jackson, Minnesota, gegründete Unternehmen Ag Chem. Selbstfahrende Spritzfahrzeuge standen am Anfang, doch dann entdeckte man die großflächige Düngerausbringung als technisch zu bewältigende Herausforderung. Dreiradfahrzeuge mit überbreiten Reifen boten sich der Bodenschonung und Wendigkeit wegen an. Nach und nach entstand eine ganze Terra-Gator-Familie, bei der die einzelnen Fahrzeuge nach Motorleistung und Gewicht differieren. Das Modell 2505 beispielsweise ist mit dem 6 Zyl.-Caterpillar Dieselmotor 3176 C ausgerüstet. Das Getriebe kommt von Fuller Road Ranger und auch sonst handelt es sich um ein durch und durch nordamerikanisches Nutzfahrzeug. Für die europäischen Kunden zuständig war lange die niederländische Firma Kurstjens im niederländischen Grubbenvorst, die 1995 von Ag Chem als erste ausländische Niederlassung übernommen wurde.

Terra-Gator 2505 in der Version als 5-Rad-Spezialdünger-Fahrzeug mit einem 11 000 Liter Fass-Aufbau.

*Ag Chem Terra-Gator als selbstfahrender Mistausbringer, Seitenansicht.*

*Terra-Gator 2505 mit Ladekran und Tebbe-Aufbau zur großflächigen Ausbringung von Festmist.*

*Terra-Gator 2505 beim Feldeinsatz als Düngerfahrzeug.*

1992

# Schlüter Bio Trac 1700 LS

## Für die Zukunft gebaut

| Technische Daten | Schlüter Bio Trac 1700 LS |
|---|---|
| Produktions-zeitraum | 1992 |
| Motorleistung | 170 PS |
| Zylinder | 4 |
| Takt | 4 |
| Drehzahl | 2000 U/min |
| Gänge | 24/12 |
| Gewicht | 6400 kg |

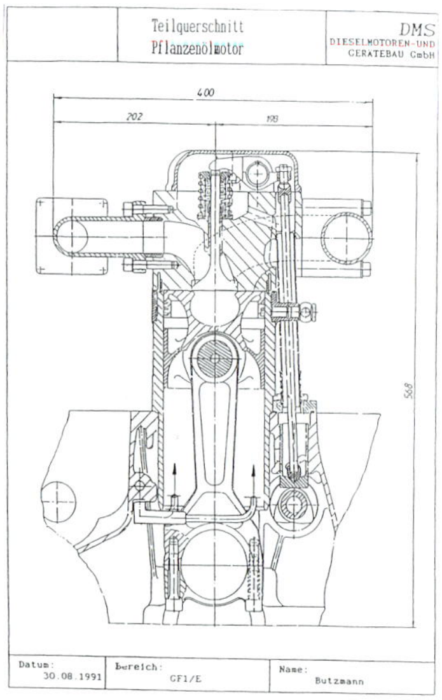


*Teilquerschnitt des im Schlüter Bio-Traktor eingebauten DMS Motors MF-4 RTA-A/G/P.*

Man mag über die Jahre unmittelbar nach der deutschen Einheit sagen, was man will, nur ihnen eine außerordentliche Kreativität abstreiten, kann man nicht. Der in Gemeinschaftsarbeit dreier Unternehmen aus West- und Ostdeutschland unter wissenschaftlicher Beratung durch die Hohenheimer Landesanstalt für Landwirtschaftliches Maschinenwesen 1992 entwickelte Bio-Traktor war ein solches, voller Visionen steckendes Kreativobjekt. Dabei war die Idee einfach. Ein großer Serientraktor sollte mit einem neuartigen Vielstoffmotor ausgerüstet werden, um die Eignung von Rapsöl, RME und Diesel im praktischen Einsatz auf einem landwirtschaftlichen Betrieb zu testen. Den Traktor, einen modifizierten Super 1500 TVL-LS, steuerte die Traktorenfabrik Anton Schlüter, Freising, bei. Der Motor kam vom Dieselmotorenwerk Schönebeck (Elbe) und die Montage lag in den Händen des VEB Fortschritt-Nachfolgers Landtechnik AG, ebenfalls Schönebeck. Auch ein Testbetrieb für den Traktor war bald gefunden. Es handelte sich um den Weiherhof im württembergischen Empfingen, der jedoch kurz nach der Auslieferung des Traktors böse Überraschungen erlebte. Der DMS-Vielstoff-Motor mit Turbolader und Ladeluftkühlung vibrierte im Einsatz so stark, dass Aufhängungen rissen und Brüche auftraten. Ein Betrieb war so jedenfalls nicht möglich, was zu langwierigen Reparaturen und Kulanzstreitigkeiten führte. Erst Ende 1997 konnten die Nach- und Umrüstungen erfolgreich abgeschlossen werden. Das Schwingungsverhalten des Motors konnte durch zusätzliche Aufhängungen und die Hinzufügung zusätzlicher Masseausgleiche soweit verbessert werden, dass sein Besitzer, Wilhelm König, den Traktor seitdem, seinem Leistungsvermögen entsprechend, hart einsetzen kann.

*Schlüter Bio-Traktor bei einer Vorführung im Rahmen des Hohenheimer Feldtags 1998.*

*Schlüter Bio-Traktor 1700 LS, ein Unikat auf Deutschlands Äckern.*

*Nach anfänglichen Schwierigkeiten scheut der Bio-Traktor keine Arbeit mehr. Selbst als Zugmaschine vor dem Tieflader bei längerer Straßenfahrt zeigt er sich jederzeit belastbar.*

1993

# JCB Fastrac 150

## Schnell unterwegs

| Technische Daten | JBC Fastrac 150 |
|---|---|
| Produktions-zeitraum | 1991 bis heute |
| Motorleistung | 150 PS |
| Zylinder | 6 |
| Takt | 4 |
| Drehzahl | 2600 U/min |
| Gänge | 18/6 |
| Gewicht | 6300 kg |

1991 konnte man auf der Agritechnica in Frankfurt erstmals auf deutschem Boden jenes eigenartige, in leuchtend gelber Farbe gehaltene Fahrzeug betrachten, welches für sich in Anspruch nahm, Ackerschlepper und Autobahn taugliche Zugmaschine in einem zu sein. Tatsächlich war der Zeitpunkt für das Erscheinen eines solchen Nutzfahrzeugs gut gewählt. Gerade hatten MB trac und Intrac ihren Rückzug bekannt gegeben und den Unimog von einst als landwirtschaftliches Universalmotorgerät gab es auch nicht mehr. Zu sehr war er auf die Belange von Kommunen und Militär ausgerichtet worden, als dass die Landwirte in ihm noch eine ernsthafte Alternative zum Standardtraktor gesehen hätten. In diese Lücke stieß der britische Baumaschinenhersteller J.C. Bamford mit einem von einem 150 PS Perkins-Motor angetriebenen Schnellläufer, dem auch in der Grundausstattung vor 80 km/h nicht bange wurde. Dafür sorgte unter anderem die exzellente Federung, das auf 18/6 Gänge ausgelegte vollsynchronisierte Gruppenschaltgetriebe und die geräumige Kabine. Tester waren denn auch voll des Lobes. Der JCB 150 „ist von der Bauart her wie der MB trac, bietet aber eine bessere Sicht. Er ist so schnell wie der Unimog, aber dank der Hinterachs-Konstruktion mit einem besseren Hubwerk versehen. Er ist so vielseitig wie der Standardschlepper, der Komfort jedoch ist wesentlich besser." Natürlich gab es auch Schattenseiten. So war der Geräteanbau nicht so einfach wie erhofft und auch die Wendigkeit am Vorgewende beim Pflügen etwa ließ zu wünschen übrig. Aber was war dies im Vergleich zu den Vorzügen! Der JCB jedenfalls ist seitdem seinen Weg gegangen. Er hat sich zu einer ständig stärker und vollkommener gewordenen Reihe gemausert und hat inzwischen einen vorderen Rang in der Kategorie der Systemschlepper eingenommen.

*Bei den ersten Vorstellungen in Deutschland rief der Fastrac 150 bei den Landwirten ungläubiges Staunen hervor.*

*Aufgrund seiner perfekten Federung bot der Fastrac im Acker wie auf der Straße höchsten Fahrkomfort.*

*Fastrac mit Direktsaatmaschine bei einer Feldvorführung des MR Odenwald.*

*In der Version des 185-60 erhielt der Fastrac bei der Rübenabfuhr ein interessantes Tätigkeitsfeld.*

1994

# Fendt Xylon 520

## Gute Sicht und gute Fahrt

| Technische Daten | Fendt Xylon 520 |
|---|---|
| Produktions-zeitraum | 1994 bis heute |
| Motorleistung | 120 PS |
| Zylinder | 4 |
| Takt | 4 |
| Drehzahl | 2300 U/min |
| Gänge | 44 |
| Gewicht | 5850 kg |

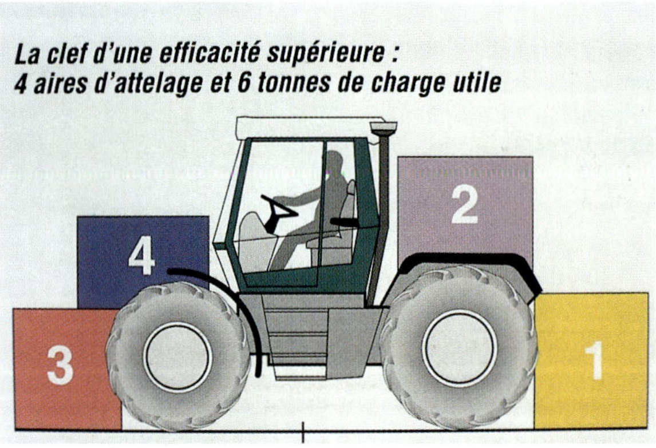


*Skizze des Fendt Xylon mit Darstellung der vier An- und Aufbauräume.*

1990 wurde auf dem Zentrallandwirtschaftsfest in München ein interessanter Prototyp vorgestellt, der bald schon im Volksmund die Bezeichnung „Fendt-Trac" erhielt. Zu seinen Kennzeichen gehörte unter anderem der mittig zwischen den Achsen angeordnete 120 PS-Motor, über dem sich eine Großraumkabine befand. Von ihr aus hatte der Fahrer eine gute Sicht auf alle Anbauräume. Vom Fendt-Geräteträger übernommen hatte man die Blockbauweise mit Zentralholm vorn und Zentraldrehgelenk in der Mitte. 21-Gang-Getriebe, 40 km/h Schnellgang, elektrohydraulische Hubwerksregelung und hydraulische Kippbarkeit der Kabine waren weitere markante Merkmale des Allgäuer Systemschleppers. Doch noch war es nicht soweit. Jahre vergingen, in denen in Marktoberdorf konsequent an dem offiziell als Xylon bezeichneten Fahrzeug gefeilt wurde. 1994, anlässlich des 1. Fendt-Feldtags auf Gut Möschenfeld, hielt man das Konzept dann für ausgereift. Drei verschieden stark motorisierte Vorserienmaschinen des Xylon wurden vorgestellt und präsentierten sich als Synthese aus Trac, Freisicht- und Standardtraktor. In Blockbauweise gebaut, entsprachen sie in der technischen Ausrüstung den Favorit-Baureihen 500 C und 800. Angetrieben von MAN-4-Zyl.-Motoren verfügten sie serienmäßig über gefederte Vorderachse und die neugestaltete Zweimann-Kabine, in der der Geräuschpegel 73 dB(A) nicht überschritt. Das Modell 520 ist das mittlere der drei angebotenen Xylone. Ursprünglich verfügte es über 120 PS, die aber inzwischen auf 125 PS aufgestockt wurden. Das Getriebe entstammt eigener Fertigung, ist 4fach lastschaltbar und mit einem für die Wirtschaftlichkeit des Xylon interessanten 50 km/h Spargang ausgestattet.

*Fendt Xylon in der 140 PS-Version auf dem Fendt-Werksgelände in Marktoberdorf.*

*Fendt Xylon auf den Feldern des Grafen Schönborn.*

*Fendt Xylon mit frontseitig angebautem Claas Scheibenmäher in Bad Saulgau.*

*Schriftzug des Claas Xerion.*

## 1995

# Claas Xerion 2500

## Aus der Harsewinkeler Innovationsschmiede

| Technische Daten | Claas Xerion 2500 |
|---|---|
| Produktions-zeitraum | 1994–2001 |
| Motorleistung | 250 PS |
| Zylinder | 6 |
| Takt | 4 |
| Drehzahl | 2200 U/min |
| Gänge | – |
| Gewicht | 9800 kg |

*Xerion als Dreiachsfahrzeug mit KAWECO-Aufbau für den überbetrieblichen Einsatz, Harswinkel 2001.*

1993 erfolgte im Claas Technopark zu Harsewinkel die Premiere des Xerion, eines Multifunktions-Tracs, der in Landwirtschaft, Landschaftspflege, Forstwirtschaft, Bau und Kommunaldienst eingesetzt werden sollte. Gleich mehrere Innovationen hatten die Claas-Ingenieure in dem Fahrzeug vereint, das in der Prototyp-Version von einem 200 PS Mercedes-Motor angetrieben wurde. Da war zum einen das HM 8 Getriebe, durch welches die Kraft stufenlos zu den Antriebsrädern geleitet wurde. Es basierte auf dem Prinzip der hydraulisch-mechanischen Leistungsverzweigung, bei dem der mechanische Teil über vier Fahrbereiche in zwei Gruppen verfügte. Hinzu kam der hydrostatische Antrieb, der im Zusammenwirken mit dem mechanischen Teil ein stufenloses Fahren im Geschwindigkeitsbereich bis 40 km/h gestattete. Zum anderen fiel die Kabine des Xerion aus dem Rahmen des Üblichen. Befestigt an einem schwenkbaren Arm, konnte sie nach Wunsch in drei unterschiedlichen Positionen arretiert werden. Dem Fahrer bot sich so stets eine optimale Sicht, ganz gleich ob er vor- oder rückwärts fuhr oder ob eine Sicht auf seitlich angebaute Geräte gewünscht war. Die Serienproduktion des Xerion begann im Jahre 1997 mit den Typen 2000, 2500 und 3000. Im wesentlichen unterschieden sie sich durch die Motorleistung, die von 190 PS beim Xerion 2000 bis 300 PS im Xerion 3000 reichte. Seine hauptsächlichen Nutzungen fanden die verschiedenen Xerion-Varianten bei der Halmfutterernte und als Gülleausbringer. Im letzteren Falle hatte man den Xerion mit der von dem niederländischen Unternehmen Kamps de Wild (Kaweco) entwickelten Technik kombiniert, die im wesentlichen aus einem 18 cbm-Gülletank sowie verschiedenen Dosier- und Schneideeinrichtungen bestand, die im großen Stile eine gleichwohl emissionsarme Gülleausbringung ermöglichten.

*Claas Xerion 2500 als selbstfahrende Mähmaschine mit hydraulisch zusammenklappbarem Scheibenmähwerk.*

*Seitlich ausgefahrene Fahrerkabine des Claas Xerion zur optimalen Sicht bei schwierigen Einsätzen.*

*Produktinformation über Claas Xerion.*

1996

# Fendt Favorit 926 Vario

## Ein neues Traktorenzeitalter beginnt

| Technische Daten | Fendt Favorit 926 Vario |
|---|---|
| Produktions-zeitraum | 1996 bis heute |
| Motorleistung | 260 PS |
| Zylinder | 6 |
| Takt | 4 |
| Drehzahl | 2300 U/min |
| Gänge | – |
| Gewicht | 7890 kg |

Wie kaum ein Traktor zuvor hat der Fendt 926 Vario von seiner Erstvorstellung auf der Agritechnica 1995 in Hannover an die Gemüter bewegt. Dabei war es nicht der von MAN zugelieferte 6 Zyl.-Dieselmotor mit Turbolader und Ladeluftkühlung, der Anlass für die Aufregung bot. Seine Attribute waren stark, solide und belastbar und standen damit in bester Fendt-Tradition, veränderten die Schlepperwelt aber nicht. Völlig neuartig fiel dagegen der Antrieb des 926 aus, kurz und knapp Vario genannt. In einer Mitteilung des Herstellers hieß es dazu: „Vario vereint erstmalig den Wirkungsgrad eines Lastschaltgetriebes mit den Vorteilen eines stufenlosen Fahrantriebs. Sein Geheimnis heißt Leistungsverzweigung, die Hydrostatik und Mechanik zu einer stufenlosen Antriebseinheit verbindet." Tatsächlich hatte es ein Fahren zwischen 0 und 50 km/h ohne Schalten, und wenn es sein sollte unter Last, zuvor noch in keinem Traktor gegeben. Und es blieb nicht bei einigen wenigen Einheiten. Fendt schaffte das Kunststück, eine neuartige, komplizierte Technik serienreif zu machen und in großer Stückzahl in den Praxisbetrieb zu bringen. Dabei zeigte sich, dass die Variotechnik unübersehbare Vorteile bot. Sie erleichterte zum einen dem Fahrer die Arbeit, garantierte zum anderen aber auch eine Geldersparnis, verringerte sich durch den Einsatz der Vario-Technik doch der Kraftstoffverbrauch um etwa 10 Prozent. Fendt selbst setzte voll auf die Vario-Technik, beließ es nicht beim Typ 926, sondern entwickelte inzwischen drei verschiedene Vario-Baureihen mit teilweise unterschiedlichen Getrieben, die jedoch sämtlich auf dem Prinzip der hydrostatisch-mechanischen Leistungsverzweigung aufbauen. Im einzelnen gibt es die Fendt Vario 400 Traktoren mit Leistungen zwischen 86 und 110 PS, die Baureihe Vario 700 deckt die Leistungsklasse zwischen 125 und 160 PS ab, während die Vario 900 Traktoren mit im Leistungsband zwischen 170 und 286 PS verfügbar sind.

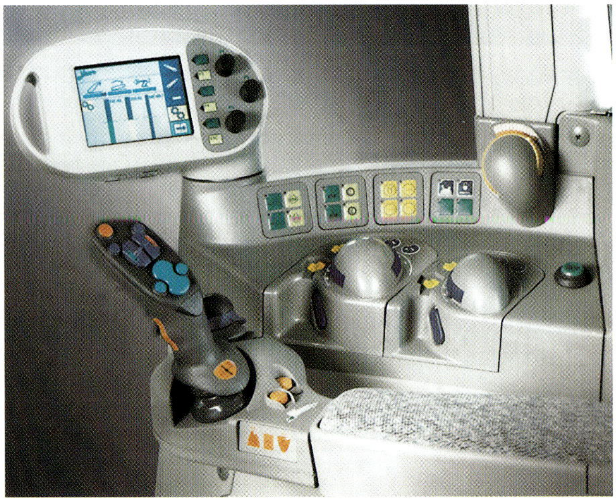

*Vario Kommandozentrale mit Joystick und Bildschirmbedienung.*

*Mit dem Vario Favorit 926 markierte Fendt einen neuen Trend. High Tech und unkonventionelle Form gerieten zum Markenartikel.*

*Wo der Fendt Vario auffuhr, geriet er zum Blickfang.*

*Schriftzug des Fendt Vario Favorit 926.*

1997

# Claas Challenger 65

## Herausforderung in Grün-Weiß

| Technische Daten | Claas Challenger 65 |
|---|---|
| Produktionszeitraum | 1997 bis heute |
| Motorleistung | 310 PS |
| Zylinder | 6 |
| Takt | 4 |
| Drehzahl | 2100 U/min |
| Gänge | 10/2 |
| Gewicht | 15 186 kg |

Anläßlich der Festveranstaltung „66 Jahre Claas Mähdrescher" im Juli 2001 gab Firmeninhaber Dr. Helmuth Claas in Harsewinkel bekannt, dass sein Unternehmen soeben den 1000. Challenger Raupentraktor verkauft habe. Ein wahrlich stolzes Ergebnis, wenn man bedenkt, wie skeptisch selbst ausgewiesene Traktorenexperten dem Raupenschleppereinsatz in der deutschen Landwirtschaft gegenüber standen. Sie schätzten die vom amerikanischen Baumaschinen-Riesen Caterpillar für die Landwirtschaft entwickelten Fahrzeuge für deutsche Verhältnisse als zu groß und zu teuer ein, doch die Praxis widerlegte sie. Dies ist nicht zuletzt ein Erfolg für Claas, wo man erst 1997 in den Challenger-Vertrieb einstieg, nachdem zuvor die Firmen Zeppelin und Husen sich ohne größeren Erfolg um den Verkauf von Caterpillar-Ackerraupen bemüht hatten. Mit dem Engagement von Claas jedoch änderten sich die Voraussetzungen. Nun agierten Experten für die großflächige, professionelle Landwirtschaft und die konnten die Vorzüge der modernen Gleiskettenfahrzeuge qualifiziert vermitteln. Dabei schlug in besonderer Weise die Fähigkeit der Challenger-Raupen zu Buche, hohe Zugleistungen schon bei niedrigen Fahrgeschwindigkeiten kraftstoffsparend hervorzubringen. Auch stachen die Challenger-Trümpfe stets dann, wenn es um Bodenschonung ging. Die Gummibandlaufwerke verteilten das Fahrzeuggewicht auf eine große Auflagefläche und minimierten damit den Bodendruck ohne dass deshalb Traktion verloren ging. Im Gegenteil, bei Gummibandlaufwerken ist die Traktion im Vergleich zu Radfahrzeugen um 10 bis 20 Prozent höher, was sie für schwere Einsätze geradezu prädestiniert. Durch den Erfolg forciert, bietet Claas inzwischen eine ganze Challenger-Reihe an, die vom Typ 35 mit 212 PS Leistung bis zum Typ 95 E mit 410 PS reicht.

*Bis zum Sommer 2001 konnte Claas über 1000 Challenger Ackerraupen verkaufen. Hier: Claas Challenger 45 und 75 E.*

*Gleiskettenschlepper Claas Challenger 35 in Saulgau.*

*Zählt zum Besten, was weltweit auf den Äckern anzutreffen ist: Claas Challenger 85 E mit 12-Schar-Lemlen-Pflug Vari-Titan.*

*Die bei Caterpillar in den USA gebaute Ackerraupe Challenger im Claas-Gewand.*

1998

# Mali Li-Trac 6

## Exot von der Heinrichsburg

| Technische Daten | Mali Li Trac 6 |
|---|---|
| Produktions-zeitraum | 1998–2001 |
| Motorleistung | 272 PS |
| Zylinder | 6 |
| Takt | 4 |
| Drehzahl | 2100 U/min |
| Gänge | 18/9 |
| Gewicht | 10 300 kg |

Auf der Agritechnica 1997 in Hannover erlebte der Systemschlepper Mali Trac seine Premiere. Groß war der Messestand der Firma MALI Spezialfahrzeuge GmbH nicht und auch auf die Präsentation hatte man nicht allzu großen Wert gelegt. Einzig und allein der Traktor stand im Mittelpunkt und verfehlte seine Wirkung nicht. Denn groß waren seine Konturen und sie korrelierten mit den teilweise abenteuerlichen Berichten, die unter Traktorfreunden im Zusammenhang mit dem Li Trac kursierten. Kaum einer von ihnen hatte allerdings den Li Trac zuvor zu Gesicht bekommen, es sei denn, er war zur Heinrichsburg bei Eberhardzell ins schwäbische Oberland gefahren. Dort wurde von einer kleinen Mannschaft um Marcus Liebherr schon seit längerem an verschiedenen Trägerfahrzeugen geschraubt, die hin und wieder auch schon einmal auf den zur Heinrichsburg gehörenden Feldern erprobt wurden. Nun also präsentierte sich der Li Trac der Öffentlichkeit und lüftete einen Teil der Geheimnisse. Denn so ungewöhnlich fiel er nicht aus. An einen massiven Rahmen hatte man alle Aggregate mittels elastischer Lager aufgehängt. So sollten einerseits Schwingungen aufgefangen und andererseits ein flexibler Anbau von Bauteilen möglich werden. Die Gewichtsverteilung war so gehalten, dass 60 Prozent auf der Vorderachse lagen, was einer guten Traktion diente. Bemerkenswert aber war vor allem der Motor. Zum Einbau kam der 6 Zyl.-Liebherr-Turbo-Dieselmotor D 926 TIE, der von Baumaschinen her bekannt war. Aus einem Hubraum von über 10 Litern stellte er 272 PS bereit und verfügte zudem über zusätzliche Reserven. Das Lastschaltgetriebe stammte von dem US-amerikanischen Getriebe-Experten Funk und war auf 18 Vorwärts- und 9 Rückwärtsgänge ausgelegt. Auffällig war schließlich die hydropneumatisch gefederte Vorderachse. Sie garantierte bis hinauf zur Spitzengeschwindigkeit von 50 km/h ein stabiles Fahrverhalten und hatte zudem Anteil an der moderaten Geräuschentwicklung des Fahrzeugs.

*Mali-Bär. Die Nähe zum einstigen Schlüter-Symbol ist unübersehbar.*

*Li Trac von Markus Liebherr, oft kurz Mali genannt.*

*Erst im Vergleich zu den Menschen zeigt der Li Trac seine ganze Größe.*

*Heckansicht des Li Trac.*

1999

# Deutz-Fahr Agrotron 260

## Luftfederung mit Niveau

| Technische Daten | Deutz-Fahr Agrotron 260 |
|---|---|
| Produktions-zeitraum | 1999 bis heute |
| Motorleistung | 260 PS |
| Zylinder | 6 |
| Takt | 4 |
| Drehzahl | 2350 U/min |
| Gänge | 40/40 |
| Gewicht | 8350 kg |

Dem Trend hin zu superstarken Traktoren mit über 250 PS Leistung konnte sich Deutz-Fahr nicht entziehen. Daran vermochte auch der im Frühjahr 1999 über die Bühne gegangene Umzug des Werks von Köln-Deutz nach Lauingen an der Donau nichts zu ändern. Der Markt bestimmte die Regeln und die lauteten: Wollte Deutz-Fahr mit Lohnunternehmern und Großbetrieben im Geschäft bleiben, dann gab es keine andere Wahl, als die in den Schubladen liegenden Konstruktionspläne für einen 260 PS starken Agrotron baldmöglich in die Praxis umsetzen. Leicht fiel dies nicht, blieb doch zunächst die einstige KHD-Traktoren-Entwicklungsabteilung in Köln. Aber irgendwie schafften die inzwischen unter dem Deutz-Fahr-Zeichen arbeitenden Ingenieure es dann doch noch. Noch im Herbst 1999 stellten sie den Agrotron-Großschlepper vor, der nun nicht mehr in dem traditionellen Schlepperwerk in Köln-Kalk, sondern in den einstigen Köla-Werkshallen im bayerischen Lauingen zusammengebaut worden war. Ganz frei von den Beziehungen nach Köln operierte man allerdings nicht. So fanden als Kraftzentrale aus Köln-Porz zugelieferte Deutz 6-Zyl.-Dieselmotoren der Baureihe BF6M 1013 FC Verwendung. Ihre Kraft gelangte über ein von ZF stammendes Powersplit-Getriebe mit 40 Vorwärts- und 40 Rückwärtsgängen zu den Achsen. Allradantrieb und Differenzialsperren waren per Knopfdruck elektrohydraulisch zu schalten. Als „Weltneuheit in einem Serientraktor" schließlich wurde die niveauregulierte Luftfederung der Kabine herausgestellt. Sie sollte den Fahrkomfort des rund eine Viertelmillion DM teuren Ackergiganten fördern und den Traktorfahrer an den hohen Federungskomfort von modernen LKWs heranführen.

*Schriftzug der neuen Agrotron Traktoren 230 und 260.*

Agrotron 260 kurz nach einem seiner ersten Praxiseinsätze.

Deutz-Fahr Agrotron 260, 260 PS, Baujahr 1999.

Verladung eines Agrotron 260 im Betriebshof des Instituts für Agrartechnik in Hohenheim.

2000

# John Deere 9400

*Der springende Hirsch – das John Deere Firmenzeichen.*

## Knicklenker für Profis

| Technische Daten | John Deere 9400 |
|---|---|
| Produktions-zeitraum | 1999 bis heute |
| Motorleistung | 425 PS |
| Zylinder | 6 |
| Takt | 4 |
| Drehzahl | 2100 U/min |
| Gänge | 22/6 |
| Gewicht | 18 234 kg |

*Blick in das Innenleben des John Deere 9400.*

Nichts für die normale Straßenfahrt ist der John Deere Traktor 9400. Seine Spurweite am äußeren Zwillingsreifen beträgt 3,61 Meter und macht von vorneherein einen Sondertransport nötig. Auch die Höhe von 3,60 Meter und die Länge von 7,34 Meter weisen auf eine Zugmaschine der absoluten Extraklasse hin. Dabei ist der Riese dank der Knicklenkung und einem Einschlagwinkel von 42 Grad relativ wendig und manövrierfähig im Gelände ist er allemal. Hier wirkt sich die Kolbenbolzenverbindung zwischen Hinterwagen und Knickgelenk positiv aus, können Vorder- und Hinterwagen so doch um bis 15 Prozent gegeneinander pendeln. An Kraft besteht kein Mangel. Der 6 Zyl.-Power-Tech-Turbomotor holt aus 12,5 l Hubraum unter Einsatz von Turbolader und Ladeluftkühlung bis zu 425 PS heraus, mit denen selbst schwerste Ackerarbeiten mühelos zu bewältigen sind. Auch das Getriebe kann sich sehen lassen. Vollsynchronisiert, ist es lastschaltbar auf 22 Vorwärts- und 6 Rückwärtsgänge ausgelegt. Für kleine Geldbeutel allerdings entfällt die Anschaffung eines John Deere 9400 Knicklenker-Traktors. Über 400 000,– DM dürfte die Zugmaschine schon kosten und selbst das Tanken wird zu einem kostspieligen Erlebnis. 975 Liter Diesel passen in den Tank, denn wenn der 9400 einmal in Gang ist, dann gibt es kaum mehr ein Halten. Auf den großen, arrondierten Farmen Nordamerikas hat der John Deere 9400 seine Klientel. In Deutschland dagegen ist seine Zahl bescheiden geblieben. Allerdings lässt es sich John Deee nicht nehmen, bei ausgewählten Anlässen einen 9400 Vorführ-Traktor in Szene zu setzen, der dann wie kein zweiter die Möglichkeiten des landwirtschaftlichen Großbetriebs veranschaulicht.

John Deere 9400 – Kraft, Technik und Ästhetik gepaart in einem Traktor der Spitzenklasse.

Bei Feldvorführungen des 9400 geraten selbst die Experten ins Staunen.

Ein Traktor von einem anderen Stern – John Deere 9400 in der Werbung.

2001

# Case IH CVX 150

*Schriftzug des Case IH CVX 150 an der Motorhaube.*

| Technische Daten | Case IH CVX 150 |
|---|---|
| Produktions-zeitraum | 2000 bis heute |
| Motorleistung | 146 PS |
| Zylinder | 6 |
| Takt | 4 |
| Drehzahl | 2300 U/min |
| Gänge | – |
| Gewicht | 9900 kg |

*Elegant gestaltete Frontpartie des CVX 150.*

## Stufenlose Eleganz

Im Frühjahr 2001 wählten die europäischen Fachjournalisten den Case IH CVX zum Traktor des Jahres. Sie zeichneten damit ein Fahrzeug aus, das zum einen mit einem stufenlosen Getriebe und zum anderen mit dem automatischen Produktivitäts-Management ausgestattet war. Beides zusammen sorgte nach Ansicht der Jury für eine optimale Abstimmung von Motor und Getriebe und förderte so den ökonomisch sinnvollen Betrieb des Traktors. Hervorgehoben wurde ferner die einfache Bedienung der Systeme, die weitgehend ohne Vorwahl auskam. Bei dem CVX-Getriebe handelte es sich um eine zur Serienreife gebrachte Weiterentwicklung des von Steyr konstruierten „Steyr-S-Matic" Getriebes. Dieses hydrostatisch-leistungsverzweigte stufenlose Getriebe schreckte die Konkurrenz auf und ließ sie nicht eher ruhen, bis die Steyr-Antriebstechnik und damit auch die Rechte am CVX Getriebe bei ZF, dem Marktführer für Traktorengetriebe, gelandet waren. Die Case CVX-Reihe umfasst vier Modelle mit Motorleistungen zwischen 115 und 165 PS und gilt vor CS und MX Maxxum als die technisch anspruchsvollste Linie der drei Case IH-Mittelklassetraktorenfamilien.

Case CVX 150 –
von Fachjournalisten
zum Traktor des
Jahres gewählt.

Trotz ansprechender Gestaltung:
Die Stärke des CVX 150 resultiert vor allem
aus dem neuen stufenlosen Getriebe.

Für Stylisten und
Hydraulikfreaks:
Heckpartie
des CVX 150.

2002

# Challenger MT 800

## Raupentraktor der Spitzenklasse

| Technische Daten | MT 800 |
|---|---|
| Produktions-zeitraum | 2002 bis heute |
| Motorleistung | 374 PS–522 PS |
| Zylinder | 6 |
| Takt | 4 |
| Drehzahl | – |
| Gänge | 16/4 |
| Gewicht | – |

Ende 2001 schlug die Nachricht von der Übernahme des Caterpillar-Landmaschinengeschäfts durch den Wettbewerber AGCO Corporation, Duluth/USA, wie eine Bombe ein. Mehr als 15 Jahre Entwicklung und Herstellung von Ackerraupen bei dem Baumaschinenriesen Caterpillar hatten damit ein abruptes Ende gefunden. Über die Gründe für diese Entscheidung wurde viel spekuliert, zumal Caterpillar das Landmaschinengeschäft mit dem deutschen Partner Claas, Harsewinkel, vielversprechend aufgebaut hatte. Doch dies alles zählte nun nicht mehr. Stattdessen war man froh, mit AGCO einen Partner gefunden zu haben, der sich verpflichtete, das komplette Challenger-Paket von der Entwicklung bis zum Produktionsstandort DeKalb, Illinois, zu übernehmen. Dies schloss bei der Challenger Baureihe MT 800 auch den Rückgriff auf bereits von Caterpillar entwickelte Baugruppen ein. So kommen CAT 12- bis CAT 16-Motoren zum Einbau, die je nach Leistung zwischen 12 und 15,8 Liter Hubraum besitzen und mit einem 4-Ventilsystem arbeiten. Auch das Getriebe stammt von Caterpillar, wird elektrohydraulisch gesteuert und gestattet eine Höchstgeschwindigkeit von 40 km/h. Über ein Power Management System kann der Fahrer zudem wählen, ob mit konstanter Drehzahl, konstanter Geschwindigkeit oder maximaler Leistung gearbeitet werden soll. Besonderen Wert wurde auf die Gestaltung des Fahrerplatzes gelegt. Die neu gestaltete Kabine setzt hinsichtlich Raum, Komfort und Sicht ebenso Maßstäbe wie das in der Kabine installierte Traktor-Management-Center zur Überwachung und Steuerung der Traktorfunktionen. Bis zur Verwendung des CAT-Logos auf den MT 800 – Challenger-Raupentraktoren reichen die Absprachen zwischen AGCO und Caterpillar. Das Ergebnis dieser allemal besonderen Partnerschaft hat allerdings auch seinen besonderen Preis. Zwischen 250 000 EUR und 315 000 EUR liegen die Listenpreise für die MT 800 Raupenschlepper, die in aller Regel nur auf großen, arrondierten Betrieben zum Einsatz kommen.

*Challenger Raupentraktor der 800er Serie mit Bodenbearbeitungsgerät*

*Challenger Raupentraktor im Einsatz bei der Bodenbearbeitung*

*Challenger MT 800 vor Lemken Vari-Titan – ein Gespann für große Flächenleistungen*

*Bei Feldvorführungen wirken Challenger-Ackerraupen als Magnet für klein und groß*

2003

# John Deere 8420

## Robustes Kraftpaket für schwerste Einsätze

| Technische Daten | 8420 |
|---|---|
| Produktions-zeitraum | 2001 bis heute |
| Motorleistung | 270 PS (Nenn)/ 314 PS (Max. Leistung) |
| Zylinder | 6 |
| Takt | 4 |
| Drehzahl | 2300 U/min |
| Gänge | 16/5 |
| Gewicht | 10 866 kg |

Die in Waterloo/Iowa ansässigen John Deere Traktoren-Experten überlassen bekanntlich nichts dem Zufall. Alle Eventualitäten des Schleppermarktes werden beizeiten durchgespielt und zeichnet sich nur vage ein möglicher Trend ab, werden Produkte konzipiert, die dem sich abzeichnenden Kundeninteresse entsprechen können. Genau dies war im Jahr 1994 der Fall, als der Ruf nach robusten, stark motorisierten und doch wendigen Traktoren laut wurde. Mit den 8000er Traktoren wurde eine Baureihe vorgestellt, die in Rahmenbauweise gehalten war und über zugstarke, großvolumige John Deere 6-Zylinder-Motoren verfügte. Die 200 PS-Grenze wurde leicht überschritten und das Fahrzeugkonzept so ausgelegt, dass es für Verbesserungen offen blieb. Auch hinsichtlich des Designs fanden die 8000er Traktoren Anerkennung. Unter anderem wurde ihnen 1995 der Preis des Industrie Forums Design, Hannover, zuerkannt. Inzwischen wurden zwei Aktualisierungen der 8000er Traktoren vorgenommen. Vor allem die im Jahr 2001 jeweils mit Goldmedaillen der Agritechnica ausgezeichneten Bauteile Einzelrad-Federungssystem sowie Active Seat haben den inzwischen unter der Bezeichnung „8020er Serie" produzierten Traktoren gut getan. Unter Active Seat ist übrigens eine Aktivfederung für den Fahrersitz zu verstehen, die zum einen Stöße mildert und zum anderen aktiv gegen Stoßbewegungen vorgeht. Dazu werden die Schwingungen des Fahrersitzes laufend elektronisch erfasst, um dann aktiv gegenzusteuern. Dem Traktorfahrer kann dies nur recht sein, genau wie das Implement Management System, welches das Getriebe automatisch steuert und so den Traktor selbstständig an der Auslastungsgrenze arbeiten lässt. Insgesamt steht eine Familie von fünf Modellen mit Motorleistungen zwischen 230 und 335 PS innerhalb der 8020er Serie zur Verfügung. Das Modell 8420 ist das zweitstärkste und bringt es in der Maximalleistung auf 314 PS. Damit zählt es weltweit zu den ersten Serientraktoren, die dem Landwirt mehr als 300 PS zur Verfügung stellen.

*John Deere 8420 – ein Serientraktor mit mehr als 300 PS Motorleistung*

*Im John Deere 8420 heben sich die Gegensätze Robustheit und Wendigkeit auf*

*Frontpartie des John Deere Premiumtraktors 8420*

*Der Schriftzug als Markenzeichen auf der Haube des John Deere 8420*

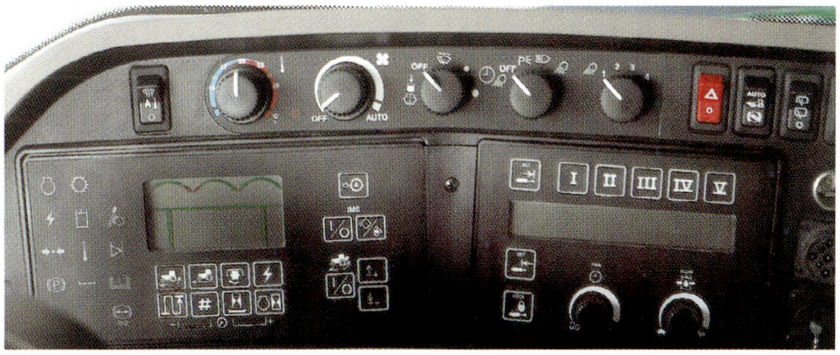

*Modern gehalten und in einigem an eine Flugzeugkanzel erinnernd: das Armaturenpult des John Deere 8400*

# Traktoren-Highlights 1951–2001

## Ausgewählte Meilensteine der Traktorengeschichte

### 1951

Mercedes Benz, Gaggenau, übernimmt von den Gebr. Böhringer, Göppingen, die Fertigung des Unimog und beginnt die Serienproduktion des Typs 2010.

Prof. Wilhelm Knolle präsentiert den für Lanz, Mannheim, konstruierten Alldog, einen Geräteträger, der über drei getrennt schaltbare Zapfwellen, verstellbare Spurweiten, Ladefläche, zahlreiche Geräteanbauvorrichtungen sowie einen bei Triumph in Nürnberg gebauten 12 PS Otto-Motor mit Kurbelkasten-Querspülung verfügt.

Hans Kremser entwickelt bei Hanomag die Motorenreihe D 600. Zu ihr gehören unter anderem der Typ D 611, ein 12 PS starker 2-Takt-Dieselmotor mit Rootsgebläse. Der Typ 621 hat 2 Zyl. und leistet 24 PS. Er wird in großen Stückzahlen in den Hanomag R 24, aber auch in den vor allem in Frankreich populären Traktor Massey-Ferguson Pony eingebaut.

Kramer präsentiert zur 41. DLG-Wanderausstellung in Hamburg den neuen Großschlepper K 33 mit 33 PS Leistung und stattet den Bauerntraktor K 12 mit einem Getriebe K 30 D aus, welches 4 Vorwärtsgänge und 1 Rückwärtsgang hat sowie teilsynchronisiert ist.

MAN stellt den Ackerdiesel Schlepper AS 330 A vor, der serienmäßig als Allradtraktor ausgeliefert wird.

Der Ferguson TE-F 20 verfügt über Hydraulik, Regelkraftheber und ergibt zusammen mit dem Hitch-Anhänger eine zugstarke Kombination.

Die Fa. Minneapolis (USA) baut einen Schwingsitz auf einen Traktor und entdeckt den Fahrer als wichtige Größe der Traktorenkonstruktion.

### 1952

Fendt meldet die Fertigstellung des 20 000. Dieselross-Traktors.

Während in Nordamerika nach wie vor sog. Wenigganggetriebe gefragt sind, wünscht die europäische Landwirtschaft zunehmend Mehrganggetriebe, deren Gangzahl zwischen 4 und 8 streut.

Das ZF-Triebwerk A 20 ist mit einem 7-Gang-Klauenschaltgetriebe, Motorzapfwelle, Hydraulikpumpenantrieb und Mähantrieb ausgerüstet. Gewicht des kpl. Triebwerks: ca. 1000 kg.

An der University of Nebraska werden Erprobungen von Sicherheitsrahmen für Traktoren durchgeführt.

### 1953

Am 9. Februar feiert man bei Lanz, Mannheim, die Produktion des 150 000sten Bulldogs. 30 000 Bulldogs wurden bislang in 74 Länder exportiert.

Fendt, Marktoberdorf, stellt den Fendt GT vor, einen Geräteträger mit zentralem Längsholm, Ladefläche und vier Anbauräumen. Das Fahrzeug hat eine starre Vorderachse. Vorderachse und Anbaugeräte pendeln um ein Zentral-Drehgelenk. Bis zur Serienproduktion vergehen weitere Jahre.

Die Schlepperfabrik Gebr. Eicher baut den Eicher Kombi, einen Geräteträger nach dem Zweiholm-System. Die Anbaugeräte vor und hinter dem Motor können mittels hydraulischem Kraftheber unabhängig voneinander ausgehoben werden. Angetrieben wird der Kombi von einem luftgekühlten 19 PS-Eicher-Dieselmotor.

Im VEB Schönebeck geht der von Egon Scheuch entwickelte Geräteträger RS 08 Maulwurf in Serie. Er besitzt einen Vierkantholm als Zentralträger, an den zahlreiche Anbaugerätschaften angebaut werden können. Der Radstand kann durch Versetzen der Vorderachse verändert werden.

In den USA werden Dieselmotoren mit Turboladern ausgerüstet, um dem Wunsch der Farmer nach höherer Motorleistung zu entsprechen.

### 1954

Die Firmen Massey-Harris und Harry Ferguson fusionieren. Neu entsteht der Weltkonzern Massey-Harris-Ferguson, dessen deutsche Zentrale sich in Porz-Westhoven befindet.

MAN entwickelt den M-Motor mit kugeliger Brennraumform zur Gemischbildung bei direkter Einspritzung.

Normag entwickelt einen 1 Zyl.-2 Takt-Motor mit angelenkter, schräg nach unten gerichteter Kolbenpumpe (sog. Ladepumpe).

Beim National Institute of Agricultural Engineering (NIAE) in Silsoe wird ein hydrostatisch angetriebener Versuchstraktor vorgestellt.

International Harvester entwickelt Torque Amplifier (TA), ein 2-Stufen-Lastschaltgetriebe, welches zusätzlich vor dem üblichen 5-Gang-Schieberädgetriebe angeordnet wird.

Die Deutz Ackerraupe F4L 514, 4 Zyl.-4 Takt, 60 PS, hat 35 eiserne Kettenglieder und kommt bei einer Kettenbreite von 350 mm auf eine Auflagefläche beider Ketten von 13 300 $cm^2$.

In Schweden werden Versuche zum Umsturzschutz bei Traktoren durchgeführt.

Im Zuge der DLG-Kleinschlepper-Vergleichsprüfung finden Geräuschmessungen am Fahrerohr statt.

## 1955

In Gaggenau läuft der 50 000. Unimog vom Band.

Fahr baut den über einen Zentralholm verfügenden Gerätetrak GT 130. Der Güldnermotor 2 DLD befindet sich auf der Vorderachse montiert.

Michelin entwickelt Hochstollenreifen unter der Bezeichnung Labourreifen, die sich in besonderer Weise zum Einsatz auf schmierigen Böden eignen.

Entwicklung hydrostatischer Lenkhilfen für Großschlepper in den USA.

## 1956

Am Stichtag 1. Februar werden in Westdeutschland 460 000 zugelassene Traktoren registriert.

In Friedrichshafen/Bodensee startet die neugegründete Fa. Porsche Motorenbau die Schlepperproduktion.

Der US-Landmaschinenkonzern John Deere, Moline, übernimmt die Aktienmehrheit an der Heinrich Lanz AG, Mannheim und führt zunächst die Bulldog-Produktion fort. Am 12. November läuft der 200 000. Bulldog-Traktor vom Band.

Im Mai feiert man in Hannover die Auslieferung des 150 000. Hanomag-Traktors.

Das ZF Schleppertriebwerk A4 mit 2 × 3 Gängen findet in Traktoren der unteren Leistungsklasse weite Verbreitung. Zusätzlich kann eine Superkriechganggruppe eingebaut werden. Gewicht des Triebwerks (ohne Kupplungsgehäuse): ca. 205 kg. Bis 1980 können 91 000 Einheiten produziert werden.

## 1957

Ab März ist der Unimog auf Wunsch als erster Traktor mit synchronisiertem Getriebe lieferbar.

Im Institut für Schlepperforschung der FAL, Völkenrode, beginnen Versuche mit Reimers Kettenwandlern. Bis 1964 werden ca. 50 Traktoren mit Wandlern ausgerüstet und haben zusammen eine Laufzeit von annähernd 90 000 Stunden erreicht.

Die ZF-Getriebebaureihe 200 ist als 8-Gang-Gruppengetriebe mit komfortabler Stiftschaltung der Grundgänge ausgelegt. In den nächsten 15 Jahren werden etwa 220 000 dieser mit Motorzapfwelle und Planetenendstufen arbeitenden Getriebe produziert.

## 1958

Die FAO gibt bekannt, dass Traktoren in Argentinien 1000 Betriebsstunden im Jahr laufen. Es folgen Großbritannien mit 800, die Schweiz mit 600 und die USA mit 592 Betriebsstunden.

100 verschiedene Dieselmotortypen mit Leistungen zwischen 9 und 60 PS und 1 bis 4 Zylindern stehen für Ackerschlepper zur Verfügung. Bei Neuzulassungen von Traktoren beträgt die Durchschnittsleistung 19 PS.

Die Traktorenfirmen Fahr und Güldner schließen einen Vertrag zur gemeinsamen Entwicklung von Traktoren.

Auch kleine Traktorenfabriken bieten interessante Zugmaschinen an. Ursus, Wiesbaden, liefert beispielsweise einen Traktor Typ Ursus C 10 aus, zu dessen Kennzeichen ein 12 PS ILO-Motor, Eigenbau-Getriebe, Allradantrieb und Allradlenkung gehören.

MAN startet die Vorserie eines 6 Zyl.-4 Takt MAN Ackerdiesels (Vorserie für Export) mit Allrad.

KHD feiert den 50. Jahrestag des Beginns der Traktorenproduktion.

Das bei Ford konstruierte Select-0-Speed-Getriebe erlaubt 10 Vorwärtsgänge und zwei Rückläufe, durchgehend unter Last schaltbar.

Case führt einen Föttinger-Strömungswandler in Verbindung mit 8 Grundstufen in den Schlepperbau ein und stellt dieses Getriebe 1960 erstmals in Europa auf dem Pariser Salon vor.

Die Normengruppe Landmaschinen und Ackerschlepper legt einen Vorschlag zum Thema Kriechgang vor. Von Kriechgang darf danach nur noch gesprochen werden, wenn der Traktor bei Motor-Nenndrehzahl nicht schneller als 1,5 km/h fährt.

## 1959

Von 80 000 jährlich in Westdeutschland neu zugelassenen Traktoren besitzen rund 30 000 keine Hydraulik.

Die ZF Triebwerk-Baureihe A 200 ist für Motordrehzahlen zwischen 1500 und 3000 U/min. ausgelegt. Sie enthält Zahnrad-Stufengetriebe mit 8 Vorwärts- und 4 Rückwärtsgängen. Getriebe- und Motorzapfwelle haben zwei verschiedene Drehzahlen (540 U/min und 1080 U/min).

Das Steyr-Wendegetriebe hat acht Vorwärtsgänge, die durch eine gradlinige Schaltbewegung auch für die Rückwärtsfahrt zur Verfügung stehen.

## 1960

Massey-Ferguson nimmt im französischen Beauvais die größte Traktorenfabrik Westeuropas in Betrieb. Die Jahreleistung beträgt 50 000 Traktoren.

KHD errichtet in Köln-Kalk ein neues Traktorenwerk mit einer Jahreskapazität von 30 000 Traktoren.

Porsche-Diesel, Friedrichshafen, stattet seine Schleppermotoren mit einer über Thermostat geregelten Kühlluftmengenanpassung aus.

Hanomag feiert am 15. November die Auslieferung des 200 000sten Traktors.

## 1961

Massey-Ferguson stellt die zweistufige Lastschaltung „Multi Power" vor, von der in den nächsten Jahren über 500 000 Stück gebaut werden.

IHC experimentiert mit hydrostatischer Kraftübertragung bei Traktoren.

In Gaggenau läuft der 50 000ste Unimog vom Band.

## 1962

Hanomag und Bautz bilden eine gemeinsame Vertriebsgesellschaft, für die Hanomag die großen und Bautz die kleinen Traktoren produziert.

Die Güldner-Motorenreihe L 79 folgt dem Baukastenprinzip und reicht vom 2- bis zum 6-Zyl.-Motor. Die Motoren sind luftgekühlt und verfügen je Zylinder über ca. 790 ccm Hubraum.

Die Fa. Porsche-Diesel experimentiert mit 50 PS starken Porsche Super Traktoren, die unter anderm durch 3 Zyl.-4 Takt Motoren und ein Hydrogetriebe, System Allgaier, gekennzeichnet sind.

Das NIAE führt Vergleichsversuche von Ackerschleppern mit hydrostatischen und mechanischen Getrieben im landwirtschaftlichen Einsatz durch.

Die Fa. Bosch erwirbt Lizenzen zum Bau von hydraulischen Zugkraftregelungen.

## 1963

Renault gründet in Friedrichshafen/Bodensee die Porsche-Diesel-Renault-Schlepper GmbH.

J. Deere baut das „Power Shift"-Getriebe mit 8 durchgehend unter Last schaltbaren Vorwärtsgängen und vier Rückläufen. Bis zum Jahre 1982 werden ca. 250 000 Einheiten in große Traktoren eingebaut.

Die mittelschwere Unimog-Baureihe kommt mit dem 6 Zyl.-Vorkammer-Dieselmotor OM 312, 65 PS, und in allen Gängen synchronisiertem Getriebe auf den Markt.

## 1964

Reimers stellt auf der DLG-Ausstellung in Hannover den Kettenwandler vor, das erste serienreife, stufenlose Traktorengetriebe aus deutscher Fertigung.

Bau des IHC 326, 3 Zyl.-4 Takt, 26 PS mit Agriomatic. Die Agriomatic bietet die Möglichkeit einer schaltfreien hydraulischen Drehmomentsteigerung in jedem Gang. Eine Schnell-Stop-Stellung kann mittels hydraulischem Hebel eingelegt werden und erlaubt ein jederzeitiges und unmittelbares Anhalten des Schleppers bei vollaufender Zapfwelle

Fiat gründet in Heilbronn die Fiat Traktoren GmbH.

## 1965

Rekord der britischen Traktorenhersteller: Im 1. Halbjahr exportieren sie 74 680 Traktoren in alle Welt.

Daimler-Benz, Gaggenau, schenkt der Landwirtschaftlichen Hochschule Hohenheim den 100 000. Unimog für Versuchszwecke.

J.N. Logos baut das vom britischen Hersteller Dowty entwickelte hydrostatische Getriebe Taurodyne in den Eicher-Traktor Mammut HR ein.

Die Fa. Grammer, Amberg, entwickelt Fahrer sitze, die durch Zugfedern in Verbindung mit ölhydraulischen Stoßdämpfern mehr als 40 Prozent Schwingungsverminderung bringen. Als Zusatzausrüstung ist die Heizung des Schleppersitzes möglich.

Heizungen werden in Schlepperkabinen eingebaut.

## 1966

ZF stellt die Getriebebaureihe T 3000 für schwere Traktoren vor. Die Getriebe haben 2 × 6 Vorwärts- und 6 Rückwärtsgänge, sind weitgehend synchronisiert und auf Allradantrieb ausgelegt. Kennzeichen sind: Gute Schaltbarkeit, hohe Gangzahl, gute Vorwärts-/Rückwärtsschaltung. Bis 1985 werden über 100 000 Einheiten gefertigt.

Schlüter experimentiert mit hydrodynamischem Wandler, kann sich damit aber am Markt nicht durchsetzen.

Der Regelkraftheber mit Zugwiderstands- und Lageregelung, teilweise auch mit Mischregelung, setzt sich durch.

Die Fa. Fritzmeier führt in Großhelfersdorf Untersuchungen durch, bei denen es um die Sicherheitsstandards von Schleppersitzen und verdecken geht.

Auf dem Zentrallandwirtschaftsfest in München stellt Eicher den Geräteträger Unisuper vor. Ein Schnellwechsel-Gerätesystem mit unabhängigen Hubzylindern garantiert kurze Rüstzeiten. Einige Zeit lang wird der Unisuper auch für die Fa. KHD, Köln-Deutz, produziert.

## 1967

International Harvester verwendet in einigen seiner US-Traktoren hydrostatische Antriebe.

John Deere präsentiert mit dem L-S-Getriebe eine zweistufige Lastschaltung.

Einbau von nach US-Lizenzen gefertigten vollhydraulischen Lenksystemen in deutsche Traktoren.

Mittels gesetzlicher Vorordnung werden nur noch solche Schleppersitze zugelassen, die mindestens 35 Prozent der von der Zugmaschine übertragenen Stöße auffangen.

Schmotzer präsentiert den verbesserten und stärker motorisierten Geräteträger „Kombirecord", der später in einer nochmals überarbeiteten und verbesserten Version an den östereichischen Hersteller Reformwerke Bauer zum Weiterbau abgegeben wird.

## 1968

Deutz präsentiert den luftgekühlten Dieselmotor FL 912 mit Direkteinspritzung, von dem bis Ende 1983 ca. 8 Millionen Zylindereinheiten in 2 bis 6 Zyl.-Motoren eingebaut werden.

Fendt-Traktoren bekommen die Voith-Strömungskupplung.

Der US-Traktorenhersteller Oliver stellt das 3-Stufen-Lastschaltgetriebe vor, welches vornehmlich in Traktoren des oberen Leistungsbereichs Verwendung findet.

AS-Gürtelreifen bringen bessere Zugeigenschaften auf dem Acker und geringeren Verschleiß auf der Straße.

Das Hof- und Stallfahrzeug Eichus der Gebr. Eicher, Dingolfing, ist Transporter, Stapler sowie Trägerfahrzeug in einem konzipiert.

## 1969

Bosch unterstreicht die Haltbarkeit seiner Produkte und gibt 6 Monate Garantie auf Elektrik- und Dieselausrüstung.

Massey-Ferguson übernimmt die Kapitalmehrheit an der argentinischen Rheinstahl-Hanomag-Tochter.

Die Linde AG beendet die Produktion der unter dem Markennamen Güldner bekannten Traktoren und Motoren und konzentriert sich auf Entwicklung und Bau von Flurförderfahrzeugen.

## 1970

Neu zugelassene Traktoren müssen mit einem Umsturz-Sicherheitsbügel ausgestattet sein.

Massey-Ferguson beteiligt sich an der Schlepperfabrik Gebr. Eicher und liefert Getriebe an Eicher.

Unter der Typenbezeichnung T 680 entwickelt ZF ein Getriebe für Schlepper der 200 PS-Klasse. Es besteht aus 6 Grundgängen in Klauen- oder Synchronschaltung, einer nachgeschalteten Gruppe und kann zusätzlich um je eine Kriech- und Schnellganggruppe erweitert werden.

Steyr präsentiert auf der Kölner DLG-Ausstellung das Synchrolast-Getriebe mit hydraulischer Kupplungsautomatik. Jede Normalgeschwindigkeit kann kraftschlüssig um eine Stufe reduziert und alle Gänge ohne Betätigung des Kupplungspedals geschaltet werden.

Der OECD Pendelschlagtest (Kabine) wird für neue Traktoren zur Pflicht. Neutraktoren benötigen einen Umsturzschutzrahmen.

Prof. Dörling legt eine arbeitsphysiologische Analyse von Fahrzeugsitzen vor und hebt die schwingungsdämpfende Eigenschaft des Grammer-Sitzes DS 20 IV hervor.

## 1971

International Harvester liefert den fünfmillionsten Traktor aus.

Hydra Shift ist der Namen des von David Brown entwickelten vierstufig unter Last schaltbaren Getriebes.

Die Fritzmeier-Kabine 711 verfügt über einen schwenkbare Frontscheibe, Fronteinstieg und feste Seitenwände.

Mercedes-Benz liefert in Gaggenau den 200 000sten Unimog aus.

## 1972

Auf der DLG-Ausstellung in Hannover stellt Mercedes-Benz den weitgehend von Gustav Krettenauer konzipierten MB trac Typ 65/70 der Öffentlichkeit vor. Vier gleich große Räder, Allrad-Antrieb, starke Hydraulikanlage, mittig angeordnete Fahrerkabine und drei Anbauräume sind seine Kennzeichen.

KHD kommt mit dem Systemschlepper Intrac heraus, der als Schlepper der Zukunft präsentiert wird.

J.I. Case, Racine, steigt bei dem britischen Traktorenhersteller David Brown, Meltham, ein.

Same übernimmt die Kapitalmehrheit am italienischen Konkurrenten Lamborghini.

Das John Deere Getriebe Quad Range kombiniert die Steuerung der 2-Stufen-Lastschaltung mit der Betätigung synchronisierter Schaltstellen.

Die Fa. Bosch stellt ein elektrohydraulisches Pflugregelsystem vor.

Der John Deere Schlepper 4430 wird mit der Sound Guard-Kabine einem Nebraska-Test unterzogen. Ergebnis: 82,5 dB (A).

Der KHD-Intrac 2005 erhält eine auf weichen Gummielementen gelagerte Kabinenzelle.

## 1973

John Deere, Mannheim, exportiert 20 089 Traktoren und wird damit Exportkönig der Traktorenhersteller Westdeutschlands.

Allis Chalmers, USA, unterbietet mit einer Schlepperkabine die 80 dB (A)-Schallmauer.

Das ungarische Traktorenwerk Roter Stern beendet die Traktorenfabrikation und produziert Eisenbahnwaggons.

## 1974

Ab 1. April müssen alle Traktoren bei der TÜV-Prüfung mit einer Warnblinkanlage ausgerüstet sein.

Schlüter zeigt auf der DLG-Ausstellung den ersten deutschen Traktor mit 300 PS-Leistung.

Der Erfinder des Ladewagens, Ernst Weichel, baut einen Prototypen des Geräteträgers Weichel-Porter, der als Allrad-Breitspur-Geräteträger für den Einsatz in Sonderkulturen konzipiert war.

Der MB trac 800 verfügt über die Wandlerschaltkupplung. Sie erlaubt ein ruckfreies Anfahren unter Last und verdoppelt das Drehmoment.

An deutschen Traktoren befinden sich etwa 170 000 Frontlader im Einsatz.

Fritzmeier-Europakabinen haben Sicherheitsrahmen, ausstellbare Frontscheiben, Schalldämpfung und Temperaturausgleich.

Mit Kubota engagiert sich ein japanischer Traktorenhersteller in Europa.

## 1975

Ab 1. Januar müssen alle Anbau- und Anhängegeräte mit Leuchten ausgestattet sein.

Ein neues Einheitensystem tritt in Kraft und macht aus PS kW und aus atü bar.

Kubota baut in Japan eine neue Traktorenfabrik mit eines Jahreskapazität von 100 000 Einheiten.

Gutbrod übernimmt von Bungartz & Peschke die Produktion von Kommunal- und Weinbergtraktoren.

## 1976

Mit den MB trac Modellen 1100 und 1300 begründet Mercedes-Benz die sogenannte schwere Baureihe. Angetrieben werden beide Modelle von OM 352-Motoren, die beim 1300 mit Hilfe eines Abgasturboladers auf 125 PS aufgeladen werden. Das Gruppensynchrongetriebe erlaubt eine Endgeschwindigkeit von 40 km/h.

Anton Schlüter zeigt auf der DLG-Ausstellung einen Großtraktor ProfiTrac mit 320 PS Leistung.

Das von dem US-Traktorenhersteller Allis Chalmers gebaute Powershift ist ein 6stufig lastschaltbares Getriebe.

John Deere bietet für seine Traktoren ein Diagnosegerät für das Hydrauliksystem an. Öldurchlaufmenge, Öldruck und Öltemperatur werden gleichzeitig gemessen und ermöglichen eine rasche Schadensdiagnose.

Leise Kabinen gehen in Großserie, so bei IH, Fritzmeier und Fendt. Die Pegelwerte am Fahrerohr liegen unter 90 dB (A).

## 1977

Same begeht das 50-jährige Firmenjubiläum mit der Vorstellung der neuen Traktorentypen Buffalo und Tiger.

Die bei International Harvester in Neuß gebauten Traktoren 956 XL und 1056 XL erhalten das Getriebe IHC Synchron 16 + 8.

Für Alttraktoren wird die Nachrüstung mit Umsturz-Schutzvorrichtung zur Pflicht.

## 1978

Die Deutschen Lehranstalten für Agrartechnik, besser bekannt als DEULA, feiern ihr 50-jähriges Bestehen. Ihr Beitrag zur erfolgreichen Motorisierung der Landwirtschaft kann nicht überschätzt werden.

Schlüter zeigt einen mit einem 12 Zyl.-Dieselmotor ausgestatteten, 500 PS starken Traktor, der als stärkster Allradtraktor der Welt bezeichnet wird.

Die Fa. Hatz kapselt ihre Dieselmotoren ein und erreicht so eine beachtliche Geräuschreduzierung.

ZF stellt, eingebaut im Deutz DX 230, eine 3-Stufen-Lastschaltung vor. Unter der Bezeichnung T 6600 ist es für die Großflächen-Landwirtschaft ausgelegt und ergänzt die ZF Schleppertriebwerke der Baureihe T 3000 in den oberen Leistungsbereich.

Das Deutz-Getriebe TW 90 ist ein Dreiwellengetriebe, das mit 4 Grundgängen, drei Vorwärtsgruppen, einer Rückwärtsgruppe und einer wahlweisen Kriechganggruppe arbeitet.

## 1979

Zur Verbesserung des Drehmomentverhaltens bei niedrigen Drehzahlen stattet MAN seine Dieselmotoren mit Ladeluftkühlung und Abgasturbolader aus. Motoren dieser Art werden unter anderem im Schlüter Profi-Trac eingebaut.

Bei der Fa. Manitou wird ein Teleskoplader aus Traktorkomponenten zusammengebaut.

Daimler-Benz, Gaggenau, liefert den 10 000sten MB trac aus.

## 1980

Same gewährt als erster Traktorenhersteller eine zweijährige Werksgarantie auf das Allradsystem.

Der MB trac 1500 verfügt über einen 150 PS-Motor, 12/12 synchronisiertes Reversiergetriebe und erreicht eine Endgeschwindigkeit von mehr als 40 km/h.

Das Fendt Overdrive-Getriebe für die Farmer-Traktorenbaureihe 300 ermöglicht eine Fahrgeschwindigkeit von 40 km/h. Im Overdrive stehen drei schnelle, synchronisierte Transportgänge zur Verfügung.

Schlüter baut Großtraktoren als 40 km/h-Schnellläufer.

Die Fa. Rexroth, Lohr am Main, entwickelt eine servohydraulische Hubwerksregelung, bei der die Regelgrößen direkt in hydraulische Drücke umgewandelt werden.

## 1981

Zur Verringerung des Kraftstoffverbrauchs im Teillastbereich verwendet Deutz für seine Motoren eine hydraulische Kühlgebläseregelung.

Hans Marschall baut bei Fendt ein Versuchsgetriebe mit äußerer Leistungsverzweigung und Weitwinkel-Hydrostateinheiten.

Bei den AS-Triebradreifen ist der Anteil der Stahlgürtelreifen auf 26 Prozent gestiegen.

Die elektronische Hubwerksregelung (EHR) von Bosch bietet zusätzliche Möglichkeiten der Lage- und Zugkraftregelung, Schlupf- und Druckregelung sowie der Regelung von hydraulischen Funktionen im Zusammenhang mit angehängte Landmaschinen.

## 1982

John Deere entwickelt ein Getriebe mit 15 unter Last durchschaltbaren Stufen (15 Speed Power Shift).

Der indische Traktorenhersteller Eicher Goodearth Ltd. engagiert sich nach Verhandlungen mit Massey-Ferguson bei den Gebr. Eicher und führt die Geschäfte unter der Firmenbezeichnung Eicher Traktoren- und Landmaschinenwerk, Landau fort.

KHD Traktoren kommen unter der Bezeichnung Deutz-Fahr auf den Markt.

## 1983

Die Durchschnittsleistung der Motoren in neu zugelassenen Traktoren liegt bei 71 PS.

Die Explorer-Reihe von Same erhält vollsynchronisierte Getriebe.

Steyr und Pöttinger bringen in einer österreichischen Gemeinschaftsentwicklung das Trägerfahrzeug 8300 mit hydrostatischem Fahrantrieb auf den Markt. Gedacht ist das Fahrzeug vor allem als Träger und Antreiber von Anbaugeräten mit hohem Zapfwellenbedarf. Bis Ende 1992 können ca. 250 Allradfahrzeuge an die Landwirtschaft abgesetzt werden.

Die Reformwerke Bauer, Wels, produzieren den 10 000sten für den Einsatz in der Berglandwirtschaft spezialisierten Muli.

David Brown firmiert unter Case. Die bisher weißen Traktoren erhalten eine rote Farbe.

## 1984

John Deere, Mannheim, feiert die Auslieferung des 750 000sten Traktors.

Fendt und Schlüter setzen bei ihren Großtraktoren hydrodynamische Wandler ein. Sie dienen zum Anfahren und zur Überbrückung von Zugkraftüberhöhungen.

Die Case-Muttergesellschaft Tenneco hat Teile von International Harvester und das nordamerikanische Vertriebsnetz übernommen.

## 1985

In Frankfurt/Main findet erstmals die Agritechnica als internationale Leistungsschau der Landtechnik statt. Veranstalter sind DLG und LAV.

Erstmals wird Fendt mit 17,3 Prozent Marktanteil erfolgreichster Anbieter auf dem westdeutschen Traktorenmarkt.

80 Eicher-Händler engagieren sich bei der Eicher GmbH und sichern den Fortbestand des Unternehmens.

Case übernimmt die deutsche und französische Tochtergesellschaft von International Harvester.

Der Trelleborg-Niederdruckreifen Twin vereint die Eigenschaften von Diagonal- und Radialreifen und bewirkt reduzierte Bodenverdichtung bei erhöhter Zugkraft.

Die Mehrheit des Mannheimer Motorenbauers MWM kommt zu KHD.

Ford steigt bei New Holland ein und wird nach John Deere zum zweitgrößten Landmaschinenkonzern.

## 1986

Seit dem 28. Februar firmiert die traditionsreiche International Harvester Company, Neuss, unter dem Namen J.I. Case GmbH. Die künftigen Traktoren tragen das Markenzeichen Case IH.

Same und Lamborghini erhalten eine gemeinsame Vertriebsorgansiation mit Sitz in Groß-Gerau.

Steyr und Valmet schließen einen Kooperationsvertrag, bei dem es vor allem um eine Zusammenarbeit auf dem Gebiet der Getriebeentwicklung geht.

John Deere und Goldoni einigen sich, dass Goldoni zukünftig Schmalspurschlepper für das Mannheimer Unternehmen produziert.

## 1987

Mit insgesamt acht Modellen mit Motorleistungen zwischen 68 und 156 PS stellt Mercedes-Benz neue MB trac Baureihen vor. Treibende Kraft sind Motoren der Baureihen OM 364 und 366, die mit Direkteinspritzung und Abgasturbolader ausgestattet sind.

KHD und Daimler-Benz gründen die Fa. Trac-Technik-Entwicklungsgesellschaft, die die Entwicklungslinien von MB trac und Intrac zusammenführen und weiter entwickeln soll.

Ford New Holland übernimmt die Aktivitäten des kanadischen Herstellers von Grotraktoren Versatile.

Von neuen Traktordieselmotoren wird eine Laufzeit von 6000 Stunden bis zur ersten Überholung erwartet.

Fendt baut einen hydrostatischen Fahrantrieb als Zusatzantrieb in seine Schlepper ein (sog. Duospeed-Getriebe).

MF führt in seinen Traktoren Getriebe mit lastschaltbaren High-Low-Schaltstufen ein.

Goodyear stellt Niederdruck-Breitreifen vor, die als Terrareifen bekannt werden. Ihre Vorteile liegen in großer Tragfähigkeit, geringem Innen- und Bodendruck.

Die Fa. Lim entwickelt aus Polyurethan einen Vollkunststoffreifen für Ackerschlepper.

Caterpillar stellt in den USA den Gleiskettentraktor Challenger 45 vor.

## 1988

Der KHD-Motor FL 1011 kommt in einer Baureihe mit 2, 3 oder 4 Zylindern zum Einbau. Er besitzt ölgekühlte Zylinderrohre, während die Zylinderköpfe direkt luftgekühlt werden. Die auf eine Nenndrehzahl von bis zu 3000 U/min ausgelegten Motoren arbeiten mit Einzeleinspritzpumpen. Bis 1993 kann Deutz den 100 000. FL 1011 Motor verkaufen.

Die Fa. Elsbett arbeitet an einem Schleppermotor für Rapsöl.

An der TU München wird von Prof. Renius ein Forschungstraktor mit stufenlosem Getriebe auf der Basis des Umschlingungsgetriebes der Fa. Reimers vorgestellt.

Das Same-Getrieb Synchro-Power verfügt über eine High-Low-Lastschaltung.

Vom Hohenheimer Meiereihof werden 600er Trelleborg –Terrareifen erworben, die ab 1991 auf einem MB trac 1000 zu Einsatz kommen.

Caterpillar stattet die landwirtschaftlichen Kettenschlepper Challenger mit Gummiketten aus, die 620 mm breit und 50 mm dicke Gummistollen besitzen. Sie haben geringeren Rollwiderstand und größere Zugkraft als Reifen.

## 1989

Same baut in das Schleppermodell Antares 100 erstmals einen 4 Zyl.-Dieselmotor mit Ladeluftkühlung ein. Dadurch werden höhere Ladedrücke und eine höhere Leistung möglich. Auch was die elektronische Motor-Drehzahlregelung betrifft, übernimmt Same bei seinen 6 Zyl.-Motoren Pionierfunktion.

Der Schlüter Euro-Trac verfügt über eine mittige, kippbare und weichgefederte Kabine.

Mikroelektronik erobert den Traktor. Bordcomputer verändern den Arbeitsplatz Fahrerkabine.

Deutz stattet seine Traktoren mit einem „Info-Center" aus.

MF bietet in seinen Schleppern die Datatronic an.

Mannesmann-Rexroth und Husco bieten EHR an.

## 1990

Österreich startet einen Großversuch mit dem Einsatz von Rapsöl-Methylester (RME), sog. Bio-Diesel, in Traktoren.

Fendt stellt den Prototypen des Xylon-Traktors vor, der über eine mittig angeordnete Kabine verfügt und ansonsten viele Elemente der Fendt Freisichttraktoren aufgreift.

Die Titan 60 Traktoren von Same haben ein Getriebe, das über zwei unter Last schaltbare Fahrgeschwindigkeiten, kombiniert mit zwei Standard- und einer Kriechganggruppe verfügt. Ein synchronisiertes Wendegetriebe macht alle Vorwärtsgänge auch rückwärts verfügbar.

In den Case-Schleppern der Maxxum-Baureihe sind Load-Sensing-Systeme installiert, bei denen sich der Pumpendruck des Hydrauliksystems dem jeweiligen Bedarf des Verbrauchers anpaßt.

Fendt entwickelt ein Schwingungstilgungssystem, bei dem die angebauten Gerätemasse zur Schwingungstilgung eingesetzt wird.

## 1991

Schlüter stellt das Trägerfahrzeug Euro-trac in kleiner Serie her und kündigt für den Traktor ein stufenloses Getriebe HCTV 275 der Hersteller Hurth-PIV-Schlüter an.

Der britische Baumaschinenhersteller JCB präsentiert den Fastrac als Spezialschlepper für Einsätze, bei denen weite Fahrstrecken zu überwinden sind.

Die Fa. Horsch, Schwandorf, entwickelt einen Terra-Trac, der unter anderem auf den kompletten Motor-Getriebe-Hinterachsblock des Case-Magnum Großschleppers zurückgreift.

Fendt schließt mit der Fa. Weimar-Werk einen Kooperationsvertag und läßt dort den kleinen Geräteträger in begrenzter Stückzahl produzieren.

In den wassergekühlten Motorenbaureihen FM 1012 und FM 1013 von Deutz kommen integrierte Kühlsysteme zur Anwendung, welche eine Senkung des spezifischen Kraftstoffverbrauchs bewirken.

Renault baut in die 6 Zyl.-Traktoren ein 3faches Lastschaltgetriebe ein.

Die Ford-Reihe 40 erhält das Getriebe Electro-Shiff, welches mit 4 unter Last schaltbaren Grundgängen und synchronisierter Wendeschaltung arbeitet.

Beim KHD Power-Shift Getriebe erfolgt die Gangwahl mittels elektronischen Schalters ohne Kupplungsbetätigung.

Die britische Fa. Track Marshall kündigt einen Gleiskettenschlepper TM 2000 an.

Der Michelin-Breitreifen XM 108 ist für Geschwindigkeiten bis 30 km/h bei mindestens 0,4 bar zugelassen und kann als Breitreifen auf Standardfelgen montiert werden.

## 1992

Bau des Schlüter Bio Trac 1700 LS; Pflanzenölmotor DMS MF-4 RTA, 4 Zyl-4 Takt, 170 PS.

Mercedes baut den 4 Zyl.-Dieselmotor OM 364 in den Unimog 1400 ein, der bei 2400 U/min 140 PS aus nur 3,97 l Hubraum entwickelt und damit das Leistungspotential des 4 Zyl.-Dieselmotors in den Mittelpunkt rückt.

In Großbritannien werden gefederte Halbraupen mit Gummilaufwerk getestet.

Der Breitreifen TM 700 von Pirelli bringt 20 Prozent mehr Aufstandsfläche.

John Deere stattet seine 6000er Traktoren mit einem Ein-Pumpen-Load-Sensing-System aus.

Nach annähernd 40 000 verkauften MB trac wird in Gaggenau die Produktion nach einem umstrittenen Vorstandsbeschluß eingestellt.

## 1993

Bau des Deutz DXtra 6.07; 6 Zyl.-4 Takt, Wirbelkammermotor auf Pflanzenölbasis, 100 PS.

In die Großtraktoren der Baureihe Favorit 800 baut Fendt ein Turboshift-Wendegetriebe mit 44 Vorwärts- und 44 Rückwärtsgängen ein, die alle über einen Schalthebel gesteuert werden. 20 Kriechgänge decken den Geschwindigkeitsbereich zwischen 0,4 und 4,5 km/h ab. Im Hauptarbeitsbereich stehen 6 Grundgänge und 4 Lastschaltstufen im Geschwindigkeitsbereich von 3,4 bis 50 km/h serienmäßig zur Verfügung.

In den Fendt-Baureihen 500 C und 800 wird die niveaugeregelte, hydropneumatische Vorderachsfederung angeboten, die hohen Fahrkomfort und Fahrgeschwindigkeiten bis 50 km/h bringt.

Claas kündigt den Bau des Trägerfahrzeugs Xerion an, das mit gleich großen Rädern, Allradlenkung, verfahrbarer Kabine und hydrostatisch-leistungsverzweigtem Getriebe im oberen Leistungsbereich angesiedelt wird.

Bei der Fa. LandTechnik, Schönebeck, beginnt die Produktion des Allrad gelenkten Traktors Systra.

## 1994

Horsch kooperiert mit den in Sankt Petersburg ansässigen Kirow-Werken und beginnt mit der Produktion des Knicklenkers Horsch K 735.

In Großbritannien wird der Versuchstraktor Dowler Gantry mit vollhydrostatischem Antrieb für das Institut für Agrartechnik der Universität Hohenheim entwickelt und produziert.

Fendt baut das stufenlose, hydrostatisch-leistungsverzweigte Getriebe ML 200, für das Hans Marschall die Grundlagen erarbeitet hat, in den Traktor Favorit 926 Vario ein.

Steyr arbeitet an dem stufenlosen Getriebe S-Matic, welches auf hydrostatisch-mechanische Leistungsverzweigung ausgelegt ist.

## 1995

Die Fa. Kress, Gochsen, liefert Raupenfahrzeuge für Sonderkulturen aus, welche über zwei Laufwerke mit Gummiketten verfügen und auf dem der Fahrer mit dem Gesicht zum Boden in Arbeitshaltung liegt, anstatt auf einem Sitz zu sitzen. Die Bedienung der Raupen erfolgt über Hebel, die von den Füßen bewegt werden.

Der Markt für Teleskoplader boomt. In Europa werden 12 000 Maschinen binnen eines Jahres verkauft.

Der Grammer Sitz LS 95H90 ist ein luftgefederter Fahrersitz mit eigener Luftversorgung (integrierter Kompressor). Die Anpassung an das Fahrergewicht erfolgt automatisch.

## 1996

Bau des Beginn der Serienproduktion des Traktors Fendt Favorit 926 Vario mit stufenlosem Getriebe ML 200.

Etwa 75 Prozent aller AS-Reifen in Deutschland sind Radialreifen.

Firestone liefert Niederquerschnittsradialreifen auch schlauchlos.

Goodyear entwickelt die superbreiten Radialreifen DT 820 (800 mm, 7 t).

John Deere präsentiert den Kettentraktor 8400 T mit Gummiband.

Claas bietet in Deutschland die Caterpillar-Raupen Challenger an, die mit Gummibandlaufwerk ausgestattet sind.

Der Mercedes-Benz Unimog UX 100 verfügt über stufenlos hydrostatischen Fahrantrieb, der dem Fahrzeug eine Geschwindigkeit von ca. 65 km/h verleiht.

## 1997

Mit 25 852 in Deutschland neu zugelassenen Traktoren wird das schlechteste Ergebnis seit Jahrzehnten erzielt.

Bei der Fa. LandTechnik Schönebeck läuft die Produktion des trac 1600 an, der an die Tradition der eingestellten MB trac anknüpft. Rahmenbauweise, MB-Motor, ZF T 7000 Getriebe, Raba-Achsen und LS-Hydraulik kennzeichnen den Systemtraktor.

John Deere fertigt in Mannheim die Traktoren des Typs 6310 mit Power-Shift-Getriebe und Ultra-Kriechgang. Aus US-Produktion stammt dagegen das Modell 8400 T, ein Traktor mit Bandlaufwerk und den Komponenten aus der 8000er Serie.

Auf der Agritechnica stellt ZF den Prototypen eines stufenlosen Getriebes ECOM 15 vor.

Case präsentiert auf der SIMA, Paris, die Traktoren der Maxxum MX-Baureihe.

New Holland kommt mit den Traktoren der Baureihe TS auf den Markt.

Valmet bietet im Traktor 8750 Sigma Power, eine automatische Manipulation der Motorleistung, an.

Eicher India und Valtra Valmet schließen ein Lizenzabkommen, um für den wachsenden indischen Traktorenmarkt gerüstet zu sein.

## 1998

Fendt stellt die neuen Vario-Traktoren Favorit 714 und 716 vor. Merkmale sind elastisch gelagerte Deutz-Motoren, stufenlose Fahrantriebe (ML 130) sowie elektrisch kontrollierte Zusatzsteuergeräte.

Für die verbreitete Internationalität im Traktorenbau ist der neu auf den Markt gekommene MF-Großtraktor 8170 ein gutes Beispiel:
Der Motor stammt von Valmet, das Getriebe von Funk.

Case stellt in den USA 6 Zyl.-Traktoren der Serie MX Magnum vor, die sich unter anderem durch Vier-Ventil-Technik auszeichnen.

## 1999

Die Traktorenhersteller New Holland und Case geben am 17. Mai ihre Fusion bekannt, wobei Fiat mit 71 Prozent die Mehrheit der neuen Gesellschaft besitzt.

Fendt stellt mit den Farmer 400 Traktoren eine dritte Vario-Reihe vor. In ihr gelangt das modifizierte Vario-Getriebe ML 90 zum Einbau.

Case präsentiert auf der Agritechnica Traktoren der Baureihe CVX mit stufenlosem hydrostatisch-leistungsverzweigten Steyr-S-Matic Getriebe.

Same erhält auf der SIMA eine Goldmedaille für das Traktorenmanagementsystem SDS.

Die TM-Traktoren von New Holland sind gekennzeichnet durch Volllastschaltgetriebe, Frontachsfederung sowie Kabinenfederung.

Landtechnik Schönebeck wird von der Fa. Doppstadt Umwelttechnik, Velbert, übernommen und führt die trac-Produktion fort.

Walterscheid stellt das Traktorenanbausystem TAS vor, bei dem Oberlenker und Hubstangen hydraulisch verstellbar sind.

## 2000

New Holland und Case bündeln ihre Aktivitäten in CNH.

DaimlerChrysler präsentiert eine neue Unimog-Generation bestehend aus den Familien 300, 400 und 500. Die Kabinen besitzen serienmäßig Klimaanlagen und können auf Wunsch mit verschiebbarer Lenk und Bedienungseinheit ausgeliefert werden.

## 2001

In Gaggenau wird das Jubiläum 50 Jahre Unimog gefeiert und zugleich bekannt gegeben, dass ab 2002 die Unimog-Fertigung ins LKW-Werk Wörth verlegt wird.

Anläßlich der im Juli durchgeführten Präsentation „66 Jahre Claas-Mähdrescher – Claas World" zeigt die Fa. Claas, Harsewinkel, die gesamte Palette der Xerion- und Challenger-Nutzfahrzeuge im Einsatz.

John Deere stellt zur Agritechnica Traktoren des Typs 8420 und 8520 vor, die mit 270 bzw. 295 PS Leistung nahe an die 300 PS-Schallmauer für Standardtraktoren kommen. Zu ihren Kennzeichen gehören aktive Sitzfederung, 42 km/h Endgeschwindigkeit und das ILS-Federungssystem der Vorderachse.

# Buchtipps

### Die große Bautz-Chronik

**Landtechnik im Wandel von Bautz bis Claas**

Nur wenige Firmen besaßen eine derart große Erfahrung im Bau von Erntemaschinen wie die Firma Bautz. Der Aufstieg des süddeutschen Unternehmens war dabei von Höhen und Tiefen begleitet. Schließlich sicherte die Übernahme der Firma Claas aus Harsewinkel den Produktionsstandort Saulgau und modernisierte den Betrieb ab 1969.
Das Buch ist ein herrlicher Bildband und ein informativer Leseband zugleich.
Ein Muss für alle Fans der Marken Bautz und Claas sowie alle, die sich für Landtechnik interessieren.

€ 34,90 (D)

2004, ca. 280 S., zahlreich bebildert
ISBN 3-7690-0620-8

### Schlepper-Raritäten

**Seltene Schlepper – seltene Traktoren von 1920 bis 1960**

Dieser Bildband zeigt die unglaubliche Markenvielfalt der Traktoren und der dazugehörigen Prospekte. Alle Abbildungen und Schlepperprospekte stammen aus der Entwicklungsphase des Schlepperbaus von 1920–1960.
Anhand von ausgewählten und überwiegend unveröffentlichten Prospekten werden in einer historischen Retrospektive eindrucksvoll Raritäten, Klassiker und Sonderformen des deutschen Schlepperbaus bedeutender Hersteller und kleiner »Eintagsschmieden« vorgestellt.

€ 29,90 (D)

2004, ca. 190 S., zahlreich bebildert
ISBN 3-7690-0621-6

### Faszination Landtechnik

**100 Jahre Landtechnik – Firmen und Fabrikate im Wandel**

Die völlig aktualisierte und überarbeitete Neuauflage dieses wertvollen Bildbandes beschreibt und illustiert über hundert Jahre Landtechnik im Zeitraffer. In 70 Porträts der letzten 100 Jahre wird eine Chronologie der Landmaschinenfirmen gegeben, deren Schwerpunkt auf Herstellern aus Deutschland liegt.
Ein Firmenregister und die hochwertige Ausstattung machen das Buch zu einem unverzichtbaren Nachschlagewerk mit Erlebnischarakter.
Für alle Landtechnik-Interessierten, Kenner der Agrar-Branche oder solche, die es werden wollen!

€ 39,90 (D)

2003, 360 S., zahlreich bebildert
ISBN 3-7690-0608-9

## Bestellen Sie …

*Post* **DLG-Verlag**
**Eschborner Landstr. 122**
**60489 Frankfurt/M.**

*Internet* **www.dlg-verlag.de**

*E-Mail* **dlg-verlag@dlg-frankfurt.de**

*Telefon* **0 69/2 47 88-451**

*Fax* **0 69/2 47 88-480**